基礎から学ぶ

ノーコード開発

NoCode

NoCode Ninja（森岡修一）、宮崎翼、藤田曜子、
林駿甫、近藤由梨、中田圭太郎 著

C&R研究所

■本書の内容について

- 本書は著者・編集者が実際に操作した結果を慎重に検討し、著述・編集しています。ただし、本書の記述内容に関わる運用結果にまつわるあらゆる損害・障害につきましては、責任を負いませんのであらかじめご了承ください。
- 本書は2021年2月現在の情報で記述されています。

●本書の内容についてのお問い合わせについて

この度はC&R研究所の書籍をお買いあげいただきましてありがとうございます。本書の内容に関するお問い合わせは、「書名」「該当するページ番号」「返信先」を必ず明記の上、C&R研究所のホームページ(http://www.c-r.com/)の右上の「お問い合わせ」をクリックし、専用フォームからお送りいただくか、FAXまたは郵送で次の宛先までお送りください。お電話でのお問い合わせや本書の内容とは直接的に関係のない事柄に関するご質問にはお答えできませんので、あらかじめご了承ください。

〒950-3122 新潟県新潟市北区西名目所4083-6　株式会社 C&R研究所　編集部
FAX 025-258-2801
『基礎から学ぶ ノーコード開発』サポート係

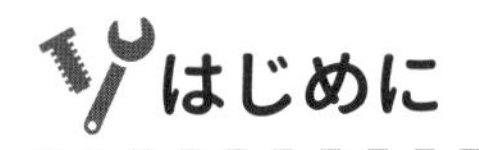

はじめに

IT業界の躍進が続いて、もう何十年も経ちました。

Windows 95の登場に始まり、通信の発達、スマートフォンの登場、クラウド技術やAI技術、ブロックチェーン。これらの進化のおかげで、ソフトウェアが充分に発達しました。我々の生活にソフトウェアは欠かせないものとなっており、もはやインフラと言っても過言ではありません。今はかつてない進化のピークを迎えていますし、底が知れない状態ともいえるでしょう。

その一方で、その需要に対して供給が追いついていない現状もあります。すでに長い間言い続けられている、「ITエンジニアの不足」です。

日本政府もそれらの対策として、小学校からのプログラミング教育などの新制度を設けてきました。文部科学省は、令和2年度より必修化された小学校プログラミング教育についての「小学校プログラミング教育の手引」を配布し、小学校によっては1人1台のタブレットの配布も行われている時代です。

しかし、それでも企業によるエンジニア採用の募集は増える一方で、まだまだITエンジニア不足の解決には程遠いのが現状です。

そこに、風穴を開けるゲームチェンジが今起ころうとしているかもしれません。それが本書にて取り上げる、「NoCode（ノーコード）」です。

本書では、NoCodeとは何か。どういったことができるのか。どんな実例があるのか。実際のNoCodeツールの始め方と詳しい解説を入れた包括的な理解の手助けになる内容にて仕上げました。

ぜひ、手に取って読んでみて、実際に手を動かして作っていただければと思います。NoCodeの概要の把握から、本格運用ができるアプリ作成まで、幅広くご利用ください。

2021年2月　著者を代表して

合同会社NoCodeCamp

NoCode Ninja（森岡 修一）

CONTENTS

CHAPTER 1 NoCodeの基礎知識

CHAPTER 2 Glideを使ってみよう

APPENDIX 執筆メンバーによる座談会

CHAPTER 1
NoCodeの基礎知識

NoCode(ノーコード)とは

NoCode(ノーコード)とは、プログラミング(コーディング)をせずに、Webサイトやアプリが作れる手法です。

この言葉単体ではなかなかピンとこないと思いますが、プログラミングには通常、「ソースコード」が欠かせませんが、そのコードを書かずにプログラミングをする手法のため、NoCode(ノーコード)と呼ばれます。英語ではプログラミングよりも「コーディング(Coding)」と呼ぶのが一般的なのもあって、このような名称が付けられています。

通常、Webサイトやアプリを作成する際、コンピュータの理解できる「プログラミング言語」を使って、動きや状態を指示して仕上げていきます。これはいわゆるプログラミングと呼ばれ、かなり細かいところまで設定や指示ができるメリットがある反面、その難易度の高さからかなりの時間と労力を費やします。エラーとの戦いでもあり、熟練したエンジニアの高い技術が求められます。

そしてプログラミングのできる総人口は世界人口のわずか0.5%(2500万人)といわれており、そこから高い技術を持った方はさらに一握りです。

それゆえ、ソフトウェアに対するニーズが高まっている現代では深刻な人材不足を招いています。ならばより人間に最適化された形が必要なのではないか、というニーズは昔から存在していました。

その結果、NoCodeが誕生することになります。NoCode自体も登場と改善を繰り返し、現在最も進化した形で我々の前に存在するわけです。

NoCodeの歴史

そもそも、NoCodeという概念はいつからあるのでしょうか。これを探るには、長い長いコンピュータの歴史をさかのぼることになります。

NoCodeが最初に登場したのは1980年ごろです。今では知らない人のいない、Word、Excelです。

「これがNoCodeツールなの?」と思う方も多いかもしれません。が、これらの登場前のソフトウェアというのは、すべて自分たちでコードを書かなくてはならなかった背景があります。

そもそもコンピュータを触っていた人たちが皆ハッカーのような高技術者集団だったため、NoCodeを必要とせずに「こうしたいから作っちゃえ」を、コードを書いて実現させ続けていたのです。

それが上記ツールの台頭により、大きく変わりました。ソースコードを書かなくとも、文書を作成したり関数による処理ができる。図形などを作ることができる。それ以前のように、紙の山に苦しまずに済むのです。

この例に見られるように、「多くの人にとって使いやすい形を」という流れが40年も前から存在していることになります。

そして1994年ごろにはホームページビルダー、1996年にはMicrosoft FrontPageなども台頭し、さらには2003年ごろにはWordPress、2008年ごろにはWixに見られるコードを書かずに実際にサイトを作れる現在のNoCodeツールの元祖ともいえる存在が登場します。

このように、徐々にコードを書かなくてもあらゆる実装ができるサービスが増えてきました。

それが2020年、NoCodeはソフトウェアの進化の最先端として話題を集めており、こうして本書を読んでくださっている今もアップデートが重ねられ、新しいツールもどんどん誕生し続けており、新しいサービスも毎日のように誕生しています。

上記のように2010年ごろには現在の形に近いようなツールが多数登場し、NoCodeのブームのようなものは登場しかけましたが、実際にはできることに限りがあったりとどうしても実用には至らないものばかりでした。

「NoCodeは使えない」という声があちこちで聞かれていたのも事実です。

それもそのはず、クラウド環境などの総合的なITインフラの充実がないことにはNoCodeも反映していくのは難しい、という包括的な問題を抱えていたのです。

それが数年前から、ITインフラもかなり充実するようになりスマートフォン普及のおかげもあってエンドユーザーの数は上昇の一途をたどっています。

「プログラミング言語の知識がなくとも、NoCodeで」という、どんな方でもアイディアひとつでアプリを作れるのが現代なのです。

エンジニアは不要になるか

NoCodeが世の中に出ていくほど、エンジニアは不要になるかという話題が非常に盛んになります。

「NoCodeが、エンジニアに取って代わる」というようなフレーズは、新しいものが出てくるたびに出てきますね。「AIが仕事を奪う」なども、記憶に新しいのではないでしょうか。

これに関しては、0か100かの話をしている状態なので、いったん落ち着いて見てみましょう。

結論から述べてみると、「エンジニアの仕事の役割が変わっていく」が正しいように思います。歴史からさかのぼってみても、同じ仕事を同じ内容で何十年もそのまま、ということはそうそうありません。ましてIT業界ではそれが顕著です。

Ruby on Railsに見られるようなフレームワークは、今やとても便利なものとしてエンジニアに使用されています。WordPressだって、今や世界中の40%のシェアを占めています。

ですが、エンジニアの仕事はなくなるどころかさらに需要が高まっており、IT人材の不足はより進んでいます。

NoCodeも所詮、モノを作るための道具にすぎません。「便利な道具が出てきたので、それを上手に使ってより良いものを作ることが求められるようになった」ということでしょう。

エンジニアにこれまで以上の専門性が求められ、やるべき役割がより本質的になってきているというのはおそらくあるでしょうし、これからもそれはずっと進み続けると考えられます。

ただ少なくとも、「ITの最適化」の形がNoCodeです。ITの進化の最先端といえるので、触らない手はありません。まずはしっかり触ってみて、そこからは創造性が求められます。

道具はどんどん便利になっていくというのは世の常なので、エンジニアの仕事云々関係なく、しっかりとキャッチアップしていきましょう。

NoCodeの特徴

NoCodeツールにも色々ありますが、まずはWebサイトやアプリを作成するNoCodeツールを例として簡単に特徴を挙げてみましょう。

必要なパーツをドラッグ&ドロップするだけで見た目を仕上げる

あらかじめツール側に用意されている、テキストやボタン、画像やマップなどのパーツを、マウスのドラッグ&ドロップで仕上げていきます。レゴブロックをイメージしてみるととてもイメージしやすいかと思います。

「見た目」に非常にわかりやすい作り方で、欲しいものを欲しい場所に置いていくことで、とても直感的に仕上げることができます。

ワークフローと呼ばれる1→2→3の流れで指示を設定できる

「ボタンを押したらあるページへジャンプ」というサイト上の動きはお馴染みですが、これらもツール側に用意されたものを組み合わせます。「ただしログインしていないと動かない」などの条件を加えることも可能です。

多くは海外ツールのため、英語で指示していくことにはなりますが慣れれば大丈夫でしょう。

データベースと呼ばれるデータ保存場所もコードを書かずに設定

データベースもツール側に用意されていることが多いです。SQLのようにコードを書く必要がなく、ワークフローにてデータの入力や削除などを操作することになります。

データベースは設計が非常に重要なので、ノーコードとはいえきちんとした学習が必要になることが多いです。

これらは通常でしたらソースコードによるプログラミングが必要ですが、1行もコードを書かずにほとんどキーボードさえ使わずに仕上げることが可能です。

NoCode Ninjaがそのようにして作ったサービスが、結婚式の準備サービス【ブラリノ】（合同会社Renoのサービス）です。NoCodeツール「Bubble」を使って仕上げました。言われなければNoCodeとなかなか気づかないのではないでしょうか。

- **ブラリノ | 結婚式に新しいカタチを**

URL https://bridal-renovation.com/

SECTION 03 NoCodeでできること

「ソースコードを書かない手法」という広義で考えると、できることは多岐にわたります。

Webサイト、アプリの作成

先述の通りですが、WebサイトやアプリがNoCodeによって作成できます。業務用も個人用も問わずに作成でき、個人開発が盛んに行われています。

たとえば、個人開発レベルの占いアプリや、まとめサイト、企業用としては自社のホームページや、マッチングサイトも作成できます。

そしてNoCodeツールそのものも、アップデートが盛んなので、あらゆるWebサイトやアプリがNoCodeで作ったものに置き換わりつつあります。

作成においては専用のツールを使いますが、アップデートも頻繁に行われており、できる範囲が日々広がっているので、あらゆるWebサイトやアプリがNoCodeで作ったものに置き換わりつつあります。

データ管理

データ管理もNoCodeで行うことができます。スプレッドシート(Excelなどに見られるシート)由来のものが多く、クラウド管理が可能なため、複数人での作業に向いています。

カンバン形式など、見た目を変えることもでき、送信フォームなども一瞬で作成できるため業務効率は格段に上がるのが特徴です。

サービス同士の連携と自動化

iPaaS(Integrate Platform as a Service)と呼ばれる、ツール同士を繋げて連携できる手法がNoCodeによって実現できます。

たとえば「メールを送ったら、スプレッドシートに自動で書き込む」といった別ツールでの自動処理を複雑なコードを書かずに実行可能です。

他にもチャットツールやWebサイトとの組み合わせも可能で、煩わしい手作業を自動化できるため日々の業務改善が見込めます。

スクレイピング

Webサイトやアプリ上の情報を自動で取得する技術(スクレイピング)も、NoCodeで実現できます。

たとえば、飲食店紹介サイトの各店舗情報一覧をリスト化したい、となったとき、通常はPythonなどのプログラミング言語を使ってコードを書く必要がありますが、NoCodeツールを使えば自動で情報を集められ、スプレッドシートなどにリスト化できます。

データサイエンスにおいても活用でき、単純作業を大幅に減らすことが可能なため今後注目される技術です。

顧客管理システム(CRM)

営業案案件管理や、マーケティング活動、カスタマーサポートへの問い合わせ管理などの複雑なシステムもNoCodeで作成可能です。

たとえば、現場の営業担当者が自分でシステムを作り、チームで運用するということがあれば、大幅なコストカットが見込めます。

このように、あらゆることがNoCodeで実現可能な未来が考えられるのです。

NoCodeのメリット

NoCodeのメリットは次のようになります。

アイディアをすぐに形にできる

「身の回りの困りごと」というと、皆さん誰しも何かが思い浮かぶことでしょう。

- 町内全員でシェアできる回覧板のようなアプリがあったら
- 保育園の職員と保護者がもっとうまくコミュニケーションできたら
- 飲食店などの在庫情報や商品レシピがシェアできたら

誰もが一度は「こんなアプリがあったら」と考えたことはあるのではないでしょうか。

これまではアプリを作るというと、高いIT技術が必要でした。さらに時間も労力も必要で、「どうやって作るのか」の想像もできないという方は多いことでしょう。

それが現代のソフトウェアの進化によって、誰でもアプリが作れるようになりつつあります。その形がNoCodeというわけです。

災害など有事に強い

日本は非常に災害の多い国です。地震、台風、水害などが定期的にやってきます。

そのたびにボランティアを募ったり必要物資を支給したり、お互いに助け合いながら生活をしていますが、もしアプリですぐに情報拡散や共有ができたらと思いませんか。そんなアプリが数時間で作れるとしたらいかがでしょう。

NoCodeで社会貢献ができる未来は、とても前向きです。

地域に1つ、アプリがある。回覧板代わりにアプリが使え、町内会で共有できる。そして、1人1アプリの時代もそう遠くないのではないでしょうか。

ビジネスの打ち合わせなどでもコミュニケーションツールとして利用可能

新規ビジネスの打ち合わせにPCを持ち込むだけで一気にコミュニケーションが円滑になり、商談が進んでいくことになります。

なぜならNoCodeだと、「その場で打ち合わせをしながら」作っていくことさえ可能だからです。

「この場面では、このようなイメージでしょうか?」「ここの部分はこの方向性で進めていきましょうか?」という会話をしながら作っていけるほどスピーディーなので、コミュニケーションツールとしての使用が可能なのです。

これならエンジニアだけでなくIT知識に自信がない営業さんも、NoCodeを使うことでクライアントの意思を汲み取りやすくなり、最適な方法を提案することができ、結果、お互いに齟齬のない三方良しの形を作ることができます。

ビジネスにおいて、重要なのはコミュニケーションですが、実際に動くモノを作って示すことで、説得力を持たせることができます。

理想と現実の接着剤になる

NoCodeがない前提で考えてみましょう。

たとえば、エンジニアがサービスを受託開発する際、まずはクライアントの希望するサービスをしっかりヒアリングし、「これで間違いない」というお互いの認識のもと要件定義をし、作成して納品するとします。ところが、「こんなイメージじゃなかった」「伝えたものと違うものが納品された」という話はよく耳にします。

どちらが悪いというような話ではないですが、クライアント側は理想のサービスを思い描いて100%実現しようとすることでしょう。反面、エンジニアは現実的にできることに落とし込むことを前提に考えるでしょう。

結果、認識のズレが出てしまいがちになります。エンジニアは膨大な修正作業に追われることになりますし、お互いに疲弊してしまいます。良くありませんね。

ところがNoCodeを使えば、事前にイメージを聞くだけで「こんな感じでしょうか?」と実際に作ってクライアントに掲示することができるので、お互いに最高のイメージを共有した上でアプリ作成のスタートラインに立つことができます。

NoCodeを通じて、「理想と現実」を上手に繋げる。そのような使い方もできるのです。

あらゆる分野×NoCodeが成立する

NoCodeの手法を身に付けるだけで、あらゆる分野にて生かすことができます。例があるとわかりやすいので、順番に見てみましょう。

◆例1　起業家

営業や事務処理が多くて、サービスに手を付ける時間がない。

→NoCodeで業務管理を実現し、より攻める施策を打ち出すことができる。

◆例2　スタートアップ企業

新サービスを作りたいけど、何からどうやって手をつけたらいいかわからない。

→とりあえずNoCodeで作ってみて、タイミングを見計らう。

◆例3　大企業の社員

毎日、同じ処理をエクセルで行っていて、業務の効率化ができればと考えている。

→NoCodeでの業務自動化で、クリエイティブな発想に集中できる。

◆例4　エンジニア

クライアントの仕様がころころ変わるので要件が定まらず、伝わらない。

→NoCodeでイメージを形にして相手に伝え、より確実なスタートラインに立つ。

上記のように、さまざまな例が考えられます。

他にも「今のビジネスをもっと知ってもらいたい」「作ったお米が余ったのでマーケットプレイスを作って売り出したい」など、ご自身の本業とNoCodeを組み合わせるとより可能性が広がります。

1つのビジネスに1アプリ。1人1アプリの時代がやってくるかもしれません。1人ひとりの特技がより可視化され、評価される時代へと進んでいくでしょう。あなたと組み合わせるNoCode、必ずあるはずです。

学習コストがコーディングに比べて圧倒的に低い

一般的に、1からコーディングを学んで1つのアプリを作れるようになるまでには最低6カ月かかるといわれています。

ところがNoCodeなら、最短数時間から、どんなに難しいものでも2、3カ月で作成することが可能です。

一般的に難しいとされるNoCodeツール【Bubble】でもこのような期間で学べる分、学習コストは削減できます。挫折率も圧倒的に低いので、アプリ開発への敷居も感じさせません。

バグやエラーが出にくい

コーディングの場合は、常にバグとエラーとの戦いです。たった1つの「;」(セミコロン)や「{}」(カッコ)がないと当然ながらエラーとなり、何十万行とあるソースコードの中から探し出すこととなります。

その心配がほぼ必要ないところが、NoCodeの良いところです。バグやエラーに精神と時間を注がずに、新機能の実装などのクリエイティブな時間に注ぐことができます。

スタートアップの経営者であれば営業とエンジニアの両方面をもっていることもあるので、技術的な束縛から解放され、経営戦略や営業活動などの売上を上げる方法を考える方向により時間を費やすことができます。

人間である以上、ミスはつきものです。それに対してエラーやバグがより少ない形で作ることができます。本質的であり、「最適化」の形です。

NoCodeのデメリット

NoCodeのデメリットは次のようになります。

英語のツールが多い

NoCodeツールは海外製のものが主流のため、英語表記であることが多いです。英語人口が以前より増えた日本ですが、まだまだ英語に対する苦手意識を持った方が多いのが実情で、ハードルの高さを感じることもあるでしょう。

現在は翻訳ソフトもかなり進化しているので、上手に対処することで乗り切ることは可能です。

コーディングに比べると制限がある

コーディングが細かくいろいろと指示や設定ができる分、時間と労力がかかるものでした。

NoCodeはその逆で、指示や設定ができる範囲がある程度は決まっているが、スピーディーに目的に特化していると見ることができます。

コーディングはコードを書くエンジニアの力量に左右されます。力量がなければエラーやバグでまったく使い物にならないものになってしまうこともあるでしょう。優秀なエンジニアであればNoCodeでは到底不可能な複雑なアルゴリズムやAIを駆使した機能や、より細やかな設定が可能となります。

つまり、まとめると次のようにみることができます。

- **コーディング=0～100点まで幅がある**
- **NoCode=60～80点の範囲内に収まる**

NoCodeは60点以下になることがほとんどないものの、80点以上を求めるのはかなり難しいので、この部分はデメリットです。

ツールそのものが終了する可能性がある

NoCodeは、あくまでツールの上でしか作成や運営ができません。そういう観点でいくとツールもWebサービスなので、終了する可能性は存在します。

過去に突然終了をしたNoCodeツールも、事例があります。有名なのは、App Makerです(Google、2021年1月に終了)。Googleが別のNoCodeツールであるAppsheetを買収したという背景はあるものの、App Makerユーザーからすると突然の終了宣言により路線変更を余儀なくされました。

今後、NoCodeツールの戦国時代が始まり、あらゆるツールが立ち上がって乱立する事態になることでやむなくサービス終了してしまうツールが出てくるのは仕方がないことかもしれません。

ちなみにその辺りのリスクを考慮して対策をしているツールもあります。たとえば、Bubbleはサービス終了の際にはオープンソース化すると宣言しています。そのようなツールだと安心ではあります。とはいえ他ツールに引っ越すとしても1からコーディングするほどは労力がかかりません。

月額コストが高くなる傾向がある

NoCodeツールは、本格運用となると有料プランを利用しなければならない傾向があります。たとえば、次のような設定をしたい場合は有料プランを使用することがほとんどです。

- 独自ドメイン
- SEO対策
- その他、運営に関する詳細設定

あとは本格運用となるとサーバー代の問題が常に出てきますが、NoCodeではツール側が独自に持っているところがあり、そこから追加で購入する形となります。

一方、コーディングで作られたサービスも、サーバー代、ドメイン代は主にかかってきますが、何よりもっともかかるのは人間(エンジニア)による運用保守のコストでしょう。

ここにかかる毎月のコストがNoCodeツールの費用で賄えると考えると、一概に高いとはいえないかもしれません。

高速化に限りがある

NoCodeの裏には、当然ながらコードが走っています。

ドラッグ&ドロップがNoCodeの魅力とするならば、それに対して決まったコードが充てられているのもNoCodeということになります。その分、そこの細かな部分をカスタマイズすることはできません。同一のコードが充てられることになるので、時には動作を遅くしてしまうこともあるでしょう。

とはいえツールごとに常にアップデートは繰り返されており、改善は常にされています。NoCodeツールはこうして本書を読んでいる今も、進化を続けているのです。

クラウド前提、オンプレミス不可

ここはメリットとの裏返しかもしれませんが、NoCodeツールのほとんどはクラウド上での管理となります。

オンプレミスのような非クラウド環境を前提にしようとすると、NoCodeでは難しいのが現状です。より厳格なセキュリティを求めてオンプレミスに…となると、今のところ不向きです。

日本はクラウド化が遅いとされているので、全体的な問題となるかもしれません。

SECTION 06 NoCodeをどのように活用するか

アプリに関してはやはり、PoC(Proof of Concept)のような試作段階や、MVP(Minimum Viable Product)のような最小限の機能を実装した製品までを作るのに向いています。

本番運用ももちろん可能ではありますが、ツールによってはデータベースが脆弱であったり、セキュリティ面に不安があります。

ただ、サービスに関してはスタート地点から間違いなく人が集まる、という状況はほとんどないのが実情でしょう。どれだけ人が集まる状況が予測されていたとしてもとにかく、「まずはNoCodeで作ってみる」→「同時にコーディングでの作成を進めておく」とするのが段階としては非常にきれいです。

❶ 最初はイメージをカタチにすることに集中する。

❷ 何百万人、何千万人と集まる状況に備えてやるべきことを進める。

NoCodeの出現前はこの「最初のイメージをカタチにする」の時点で数千万円〜数億円の予算をつぎ込まなくてはいけなかった=サービスが成功しなければクローズするしかなかった、というのが当たり前だったので、このような形を取れるのはまさにこれからの時代を象徴しているといえるでしょう。

先述したとおり、NoCodeの強みはまさに次の通りです。

- **仮説検証をスピーディに行える**
- **コストの見直しができる**

こういった強さを充分に活かす使い方が、最も有効といえるのではないでしょうか。特にLPページやWebサイトは、NoCodeでも充分耐えうるものを作ることが可能です。

NoCodeがこれから主流になる理由

ここまでNoCodeのさまざまな点に言及してきました。「ソースコードを書かないプログラミング」というのが表現として適切なのですが、ではなぜそれが主流になるのか。その点について言及してみましょう。

プログラミングの最適化

まずはやはり、プログラミングの最適化という点が大きいでしょう。

先述の通り、ソフトウェアの進化の恩恵の賜物がNoCodeです。NoCodeの概念自体は以前からもありましたが、クラウドの台頭によりSaaSの利便性が飛躍的に向上した点など、ネットワークにおけるインフラが整った今だからこそNoCodeにできることが圧倒的に増え、今日のようなツールを使えているのです。

「優秀なエンジニアは、コードを書かない」という言葉がありますが、エンジニア界隈でも目的に対して最小限のコードで仕上げられるエンジニアが重宝されています。

この数十年、なるべく開発期間を短くするためのあらゆるシステムが開発されてきました。フレームワークやCMSのような流れは、とてもNoCode的です。

プログラミング言語にしても近年ではPythonやGoのような、より人間の言葉である英語に近い書き方になっており、パッと見ただけでより理解しやすいものに変わってきています。

「人間にとっての最適化」は1世紀近く前から存在していて、なおかつ常に課題とされてきており、あらゆる手段を用いながら人間にとってより便利となるような、プログラミングの最適化が模索されてきました。

「プログラミング人口が不足しているなら、プログラミングの方法自体を見直そう」という動きは将来的にも常に見直され続けるでしょうし、NoCodeさえもトライ&エラーを常に繰り返しながら進化していくことが容易に想像できます。

NoCode=ITの進化の歴史そのものなのです。

大手プラットフォームからの独立

皆が知るプラットフォームというと、誰もがいろいろと思い浮かべることでしょう。

そこに、誰もがサービスを作れるなら、大手に頼らずに自分たちで作って運営していく、という流れは充分に考えられます。

たとえば、Shopifyの躍進のニュースは、最近あちこちで聞かれるようになりました。よく語られるのが、「ShopifyがAmazonキラーになる」というテーマです。

より手数料の低い運営方法を求めて巨大プラットフォームから独立するというように、自分たちでやっていくという動きが海外でも徐々に見られるようになってきています。

NoCodeのように自分たちで最速でプラットフォームを構築し、最低限の手数料で運営できるのであれば、あとはSEO含めたマーケティングを適切に行うことで大手プラットフォームに負けないビジネスモデルを形成することができます。

それぞれがそれぞれのやり方で公平にスタートラインに立つことができる時代が徐々にやってきているのではないでしょうか。

社内のIT化をより促す

2021年現在、世界中でITは拡がり続けています。日本でも社内でExcelやWordを使っていない企業は珍しく、「コンピュータをまったく使っていない」業種はほとんど存在しないのではないでしょうか。

そもそも世界中には2500万人ものエンジニアがいるとされていますが、世界人口から見てみるとわずか0.5%です。その中でも、日本はIT後進国といわれて久しい状況なので、さらに低い数字となるかもしれません。

まだまだ社内にIT導入ができない…という企業が多い実情があり、その主な原因というと、コスト面が最も占めているといわれています。それもそのはず、エンジニアを1人雇うのに数百万〜数千万かかってしまうからです。

それなら、社員にNoCodeを覚えてもらえばいいと、近年は大企業を中心に、NoCodeの研修を進めるなどの動きが活発です。圧倒的にローコストで社内教育を実施することができ、全体でITリテラシーを高めることで社内をIT化することが狙いです。

「何から手を付けたらいいかわからない…」という経営者の方も多いと思いますが、社員一人ひとりがIT人材になると発想すると、非常に効率的かつミニマムに始めることができます。

将来的に、履歴書代わりになる

エンジニアやデザイナー界隈ではすでにスタンダードですが、就職活動の際には履歴書以上に「ポートフォリオ」が重要な実情があります。小手先で書いた履歴書よりも、「私はこういうスキルを使ってこれを作ることができます」を可視化しやすいポートフォリオのほうが説得力を持っている、というわけです。

これが、将来的にはNoCodeで作ったWebサービスそのものに置き換わるかもしれません。「私はこれを数週間で作りました」という成果物ベースだと、周りも認めざるを得ません。「理論よりも実践」という最適化が行われた形ですね。

就職活動だけでなくともたとえば、社内で新規企画を通したいという状況になったとします。従来であれば、企画書を書いて稟議通して…という工程が必要です。「それは本当にできるのか?」と聞いてくる上司に対するプレゼンなどもきっと必要でしょう。

ところがNoCodeなら、実際に動くものを作って「これでいかがでしょう?」と成果物ベースで表現することができます。実際に目の前に見せられるわけですから、説得力を持たせられますね。「まず、作ってみる」のメリットはやはり大きいものです。

先述の通り、「理論よりも実践」です。より人間への最適化が進んでいくでしょう。

世界のIT企業がNoCodeツールに参入

そして今や世界中の誰もが知るGAFAM勢もNoCodeに参入してきました(Facebookを除く)。それぞれ次のツールです。

- Google……………AppSheet
- Amazon…………Honeycode
- Apple………………Claris
- Microsoft………Microsoft Power Apps

この動きはつい最近までなかなかなかったことです。以前は一過性のブームであるとされてきたNoCodeですが、これだけの大手企業がこぞって参入してきたということは何より将来性と市場規模予測がしっかりしていることの表れでしょう。今後の動きも、見逃せません。

市場規模

米ガートナー社は、2024年までに既存のアプリ開発の75%近くがLowCodeやNoCodeになるとの予測を発表しました(下記URL参照)。

URL https://www.mendix.com/resources/gartner-magic-uadrant-for-low-code-application-platforms/

それと同時にソフトウェア全体に対する需要も上がっていく一方です。

米フォレスターリサーチ社によると、2021年はクラウドサービス自体が前年の35%アップとなり、1200億ドルに達するとの予想を出しています。そしてAppDeveloperMagazineによると、これに紐づいてLowCodeやNoCodeの今後4年間の成長率が毎年28%以上伸びていくと予想を出しています(下記URL参照)。

URL https://appdevelopermagazine.com/why-low-code-no-code-will-become-the-mainstay-in-2021/

このようにクラウドを含めたソフトウェア全体に対する需要もは高まっていく一方で、現在の5倍のペースで進行していくとの見方もあります。つまり、このままではソフトウェア全体の開発供給が到底、追いつきません。

そこに非常にマッチするのが、スピーディーな開発が可能であるNoCodeというわけです。

また、次ページのグラフはPRTIMES社による「NoCode」というワードが入ったプレスリリースの配信数です。ご覧の通り、上昇の一途をたどっています。

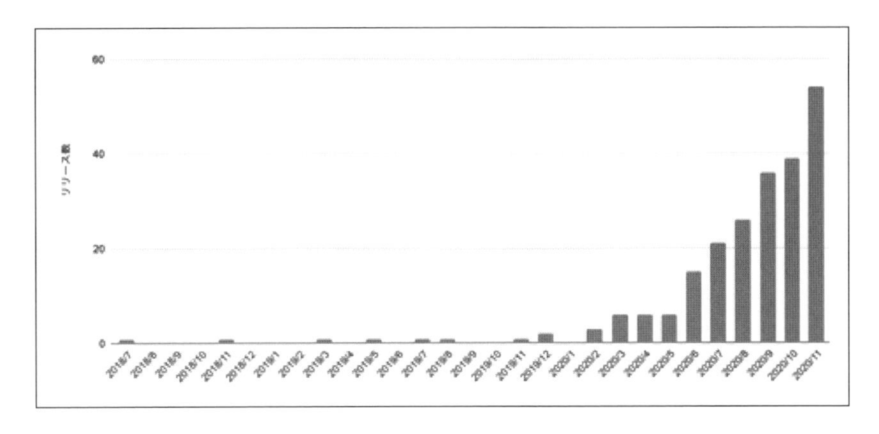

このグラフから見ても、NoCodeの注目はどんどん高まっていると見て取れます。この傾向はどんどん増していくでしょう。

スピーディーな大企業の登場

いろいろなところでよく聞かれるのが、「日本の大企業は遅い」ということです。皆さまもどこかで聞いたことがあるのではないでしょうか。

より多くの人間の意志決定が入るのが主な原因で、いわゆる「大企業病」です。近年ではそうした状況を脱出するべく、社内ベンチャーを立ち上げて問題を解消する動きもよく知られています。

そこにまずはNoCodeでスタートする、という大企業ベンチャーが今後誕生することは容易に想像できます。

これからの時代に求められる「スピード」と「低コスト」のどちらにも適しているのが、NoCodeというわけです。

NoCodeツールの種類

これまで述べてきたように、ソースコードを書かずにコンピュータに指示を与えるツールはほぼすべてNoCodeにあたります。ということは、次のようにさまざまなジャンルのNoCodeツールが存在することになります。

- Webサイトやアプリを作るNoCodeツール
- ホームページを作成するツール
- 業務系アプリを作成するツール
- コンピュータの動きを自動化するツール
- Botを作成するツール
- データ収集ができるツール

これら以外にもさまざまなツールが存在しますが、今回はこの6つにフォーカスしました。それでは、それぞれを見ていきましょう。

Webサイトやアプリを作るNoCodeツール

Webサイトやアプリを作るNoCodeツールは一番メジャーなタイプのものです。ドラッグ&ドロップで、レゴブロックのようにサービスを作っていきます。

◆ Glide

Glideはスプレッドシートを読ませるだけでWebアプリにしてくれるツールです。とにかく早く作れるのが特長で、思い立ったらすぐに実践できます。

URL https://www.glideapps.com/

◆ Adalo

Adaloはアプリストアに登録するいわゆるネイティブアプリを作るのに優れたツールです。デザインのしやすさや、独自のデータベース機能を持っているなど機能面も充実しています。バランスの良さが特長です。

URL https://www.adalo.com/ 

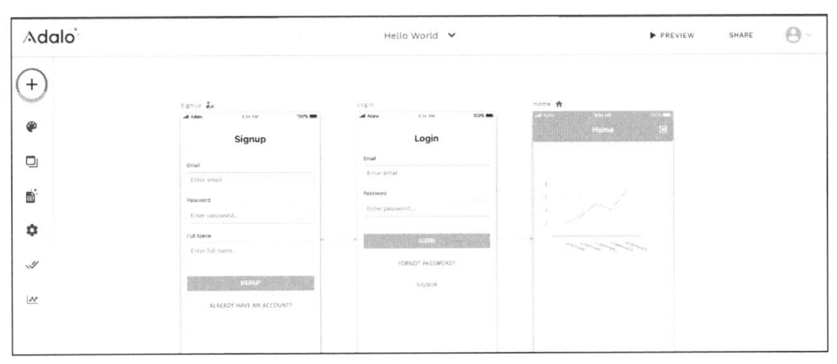

◆ Bubble

BubbleはNoCodeツールの中では最も汎用性の高いツールです。APIなどでのあらゆる連携が可能なので、ほとんどのことはBubbleで実装可能です。「Bubbleでできないなら仕方ない」という声が聞こえてくるほど、パワフルなツールです。

URL https://bubble.io/ 

ホームページを作成するツール

ホームページを作成するNoCodeツールには、次のようなものがあります。

◆ STUDIO

STUDIOは国産ツールで、Webサイト(ホームページ)が作れるデザインツール、という位置付けになっており、非常にきれいなデザインに仕上がりやすく、それでいて使いやすい特長を持ちます。日本語のフォントバリエーションもしっかりしています。海外ツールではまず搭載されていない「モリサワフォント」も標準搭載しており、国産のメリットをダイレクトに享受できます。

URL https://studio.design/ 

◆ Webflow

Webflowは非常にデザイン性に優れたWebサイトを作成できるツールです。他ツールとの連携バリエーションにもかなり優れており、あらゆるWebサービスを作ることができます。コーディングにも対応しており、エンジニアが触ることでよりその可能性を広げることができます。Bubble同様、非常にパワフルなツールです。

URL https://webflow.com/

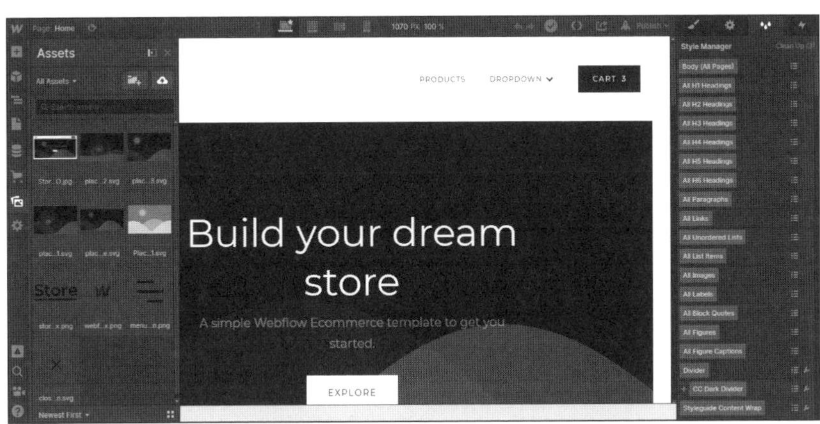

◆ Elementor（WordPress）

ElementorはWordPressのプラグインですが、NoCodeツールとして認識されており、ドラッグ&ドロップでパーツを入れることでホームページを作成することができます。もともとがWordPressなので拡張性などあらゆる面で優れており、SEOの設定など、かなり細かいところまで手を加えることができます。使い勝手の良さも含めて、とても安心できるツールです。

URL https://elementor.com/

業務系アプリを作成するツール

業務系アプリを作成するツールは、よりエンタープライズ（企業）向けのアプリを作成するためツールです。デザイン面がシンプルになりがちですが、複数人で使用することが前提とされていたり機能面もしっかりしたものが多いのが特長です。

◆ AppGyver Composer Pro

AppGyver Composer Proは、強いデータベースを持つなど、機能的に優れたアプリを作成するツールです。「収益または資産が10億円を超えるユーザーでなければ無料」という珍しいスタイルを取っています。

URL https://www.appgyver.com/

◆DronaHQ

海外大手大企業も採用している業務用アプリツールです。多機能な上に、他ツールとの連携にも優れています。海外ではDronaHQ専門のエンジニアの需要があるほどスタンダードなツールです。

URL https://www.dronahq.com/ 

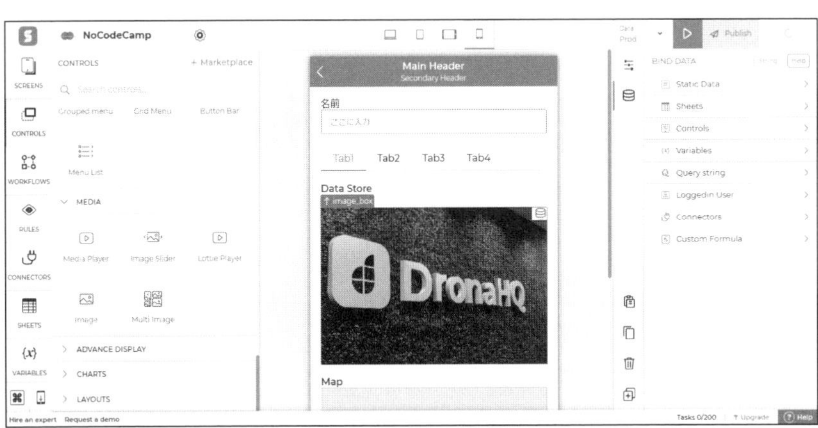

コンピュータの動きを自動化するツール

いわゆるiPaaSと呼ばれる、ツール同士を連携させて自動で動かすことができるシステムです。従来コードを書かないと構成できなかった、複雑なシステムを構築できます。たとえば、次のような使い方が可能です。

❶ どこかに書き込みをしたらメールを送るようにして、

❷ 届いたら通知を鳴らす。

ビジネスシーンでの活躍がすでに多く見られています。

◆ Zapier

Zapierは、「メールを送ったら、指定のスプレッドシートに入力する」などの自動化を最もわかりやすくシンプルに行うことができます。設定も非常にシンプルなので、IT知識に自信がない方にもおすすめです。

URL https://zapier.com/

◆ Integromat

IntegromatはZapierよりも設定の幅が広く、複雑な処理も実装可能です。条件分岐にも対応しており、やや玄人向けなツールともいえます。

URL https://www.integromat.com/ 

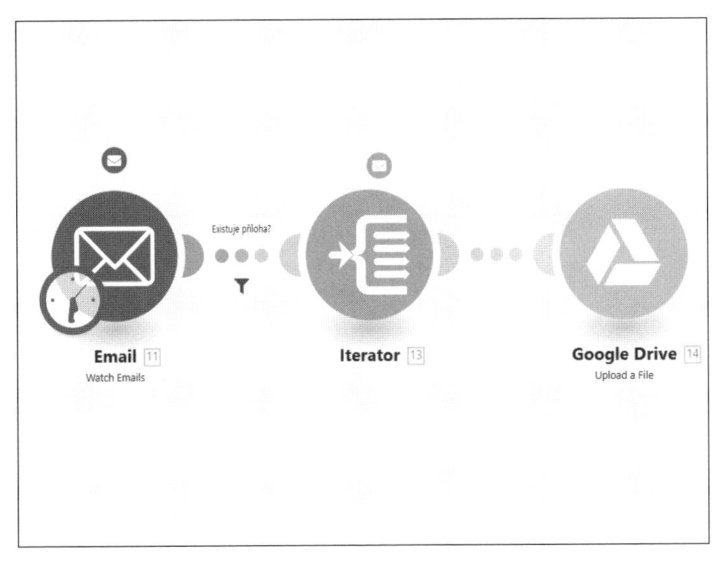

◆ Parabola

Parabolaはデータ処理に強い特長を持つiPaaSツールです。データを丸ごとインポートしてそこから処理をする、という他にあまりない動きをします。他のツールとの使い分けがしっかりできるところもポイントです。

URL https://parabola.io/ 

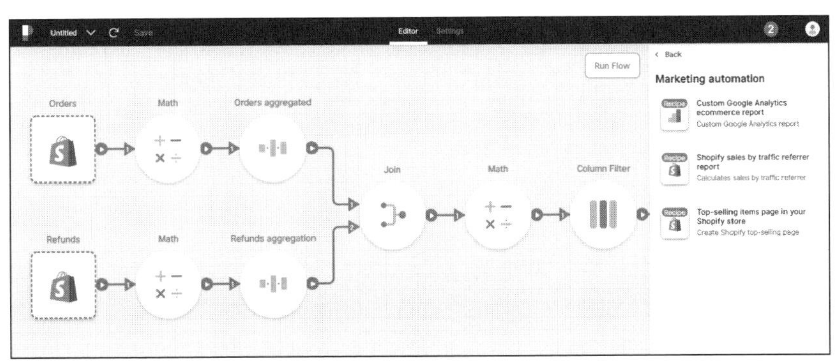

◆ Anyflow

Anyflowは国産のiPaaSツールです。他のツールの多くが海外産なのでほとんどが日本のツールに対応していないことが多い中、国内で使う際に非常に心強い存在です。

URL https://anyflow.jp/

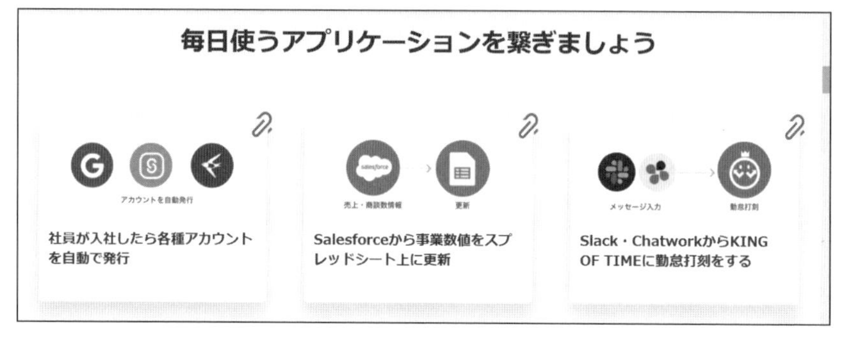

Botを作成するツール

いわゆるロボットのように定期的にアクションを設定するようなシステム構築も、NoCodeで可能です。複雑なコードを書くことなくく、テクノロジーの恩恵を享受できます。最近はよくWebサイトにチャットでの案内をするページが増えてきました。さらに近年は音声も取り入れられるVoiceチャットもNoCodeで作ることができます。

◆ Landbot

Landbotは、いわゆるチャットボットを最もシンプルに作成できるツールです。NoCodeでのチャットボットの最も有名なものの1つで、マインドマップ形式で会話を繋げて作っていきます。Webサイトでのチャット機能などで力を発揮します。

URL https://landbot.io/ 

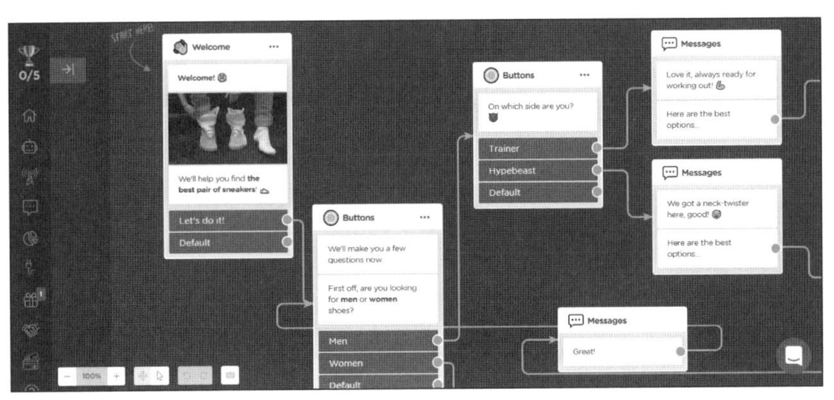

◆ Voiceflow

Voiceflowは名前のごとく、音声チャットを作ることができます。Amazon AlexaやGoogle Assistant用の音声を作ることができるのが大きな特長で、条件分岐などにも細かく対応していて多機能です。こちらもマインドマップ形式で作成していきます。

URL https://www.voiceflow.com/ 

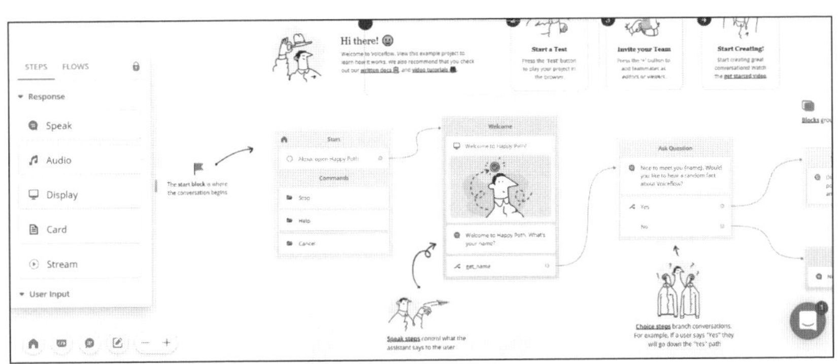

◆Hachidori

Hachidoriは国産のNoCodeツールです。上記2つは海外製のチャットボット作成ツールでしたが、完全日本語で作成できるのは安心です。サポートもかなり充実しているため、行政も取り入れているなど、非常に勢いのあるツールです。

URL https://hachidori.io/ 

データ収集ができるツール

いわゆる「スクレイピング」という技術もNoCodeで可能です。あらゆるサイトに書いている情報を収集して、データとして残すことができる技術は本来ならばPythonなどでコードを書いて作っていかなければいけません。

ここを可能にするNoCodeツールは、実は数多くあります。

データを体系的に取得できる技術は、これからもニーズが多いでしょう。近年「データサイエンティスト」という専門職が注目を集めていますが、この分野にもNoCodeは非常に有効です。日常業務での単純作業などに力を発揮し、彼らの仕事をより質の高いものにします。

◆ Octoparse

Octoparseは、操作性が高く、扱いやすいNoCodeスクレイピングツールです。パターンを認識して自動で取得してくれるので、シンプルで扱いやすいのが特長です。日本語解説での動画があるなど、日本向けサポートも充実しています。

URL https://www.octoparse.jp/ 

◆ Simple Scraper

Simple Scraperは、「クリックするだけでAPIが作れる」という謳い文句がある、強力なツールです。本当にクリックするだけでデータも抽出でき、JSONファイルやCSVファイルにして保存することも可能です。Google Chromeの拡張機能としても使えるので、気軽に使うことができます。

URL https://simplescraper.io/ 

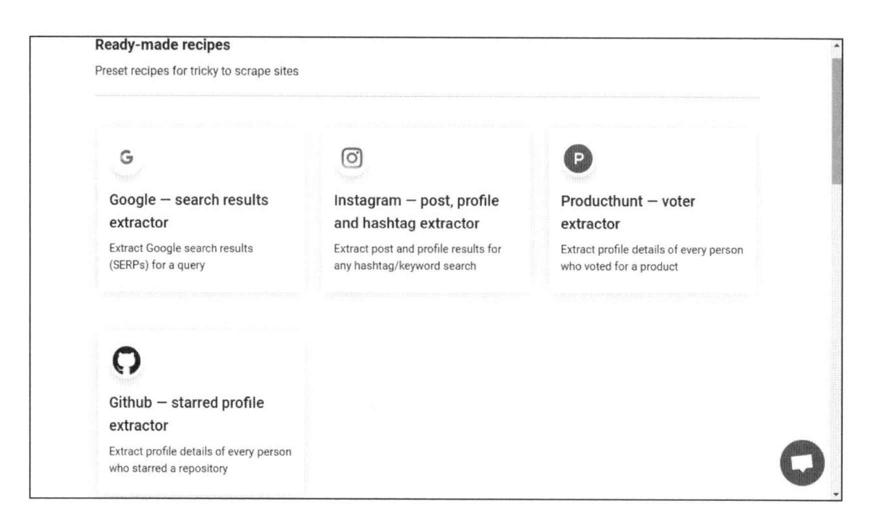

◆ Obviously.ai

Obviously.aiは機械学習、AIを駆使した本格派のツールです。データ収集はもとより、予測分析などを可能にしており、あらゆる面でデータサイエンティストの仕事に力を与えてくれます。

URL https://www.obviously.ai/ 

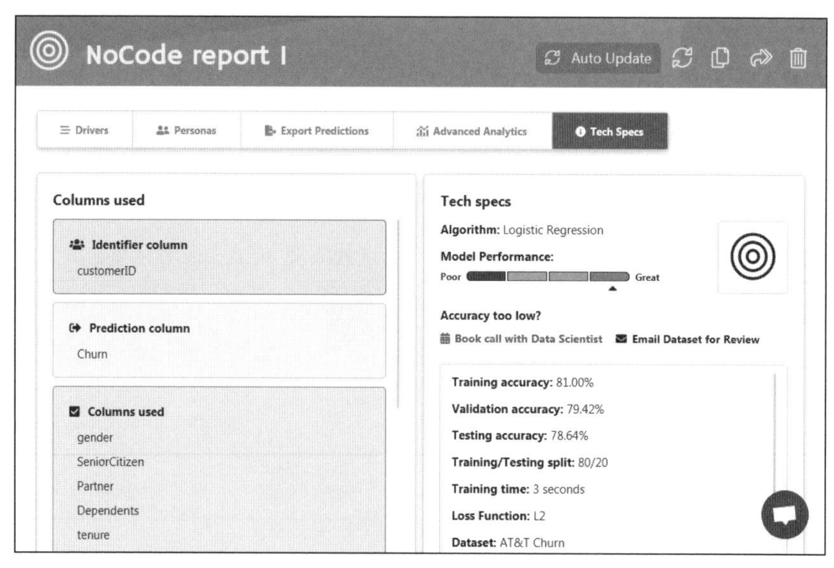

このように、たくさんのツールがあります。現存するツールは少なく見積もっても300以上あり、日々増え続けています。

国産のNoCodeツール

国産のツールも、もちろんあります。先述の「Anyflow」やWebサイトを作れる「STUDIO」もそうですが、今回はスプレッドシートを使ってアプリを作れる「Magic Instructions」と、直感的にアプリが作れる「Click」を見てみましょう。

◆ Magic Instructions

Magic Instructionsは、Excelのように使えるGoogleスプレッドシートを使って、絵コンテを描くだけでiOS、Android向けのスマホアプリ、そしてモバイルWebページを作れるノーコードツールです。

URL https://magicinstructions.app/

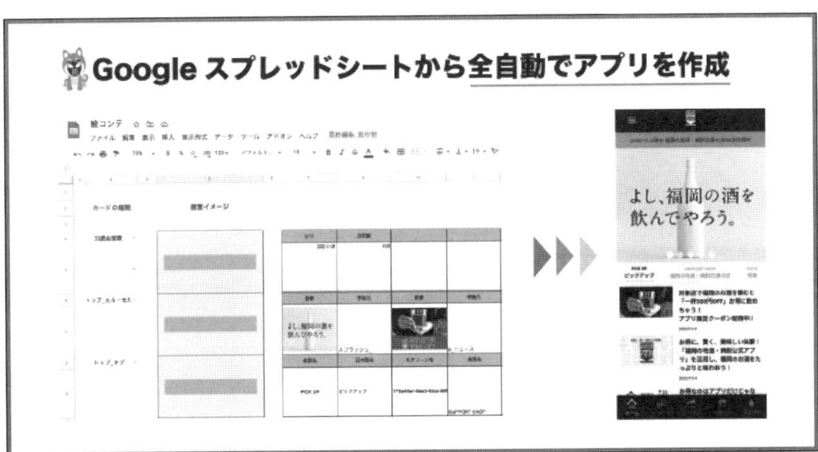

使い方は簡単で、次のような流れになります。

❶ 商品カードやニュースカードなど、画面の一部となるカードの種類を選択する。

❷ スプレッドシートの指示に従って商品画像などの写真を張り付けたり、商品名などのテキストを入力する。

❸ あとは公開スイッチをONにするだけで、簡単にアプリを作成できる。

これまでは開発会社でないとアプリの内容を変更できませんでしたが、Magic Instructionsを使えばユーザー自身で情報の更新ができるようになります。

そして、用途は非常にプロフェッショナルなものです。例を示してみましょう。

魚を販売している鮮魚店がアプリを導入するとします。すると問屋は、アプリを広める役割に変わります。レストランやスーパーでスマホを使って注文を入力すると、鮮魚店はリアルタイムに必要な数量がわかります。そしてこのアプリ自体を鮮魚店自身が開発できるので、季節ごとの魚の種類に合わせてアプリの見た目を変えることや、毎日の水揚げに合わせてアプリに掲載する内容を変更できるのです。

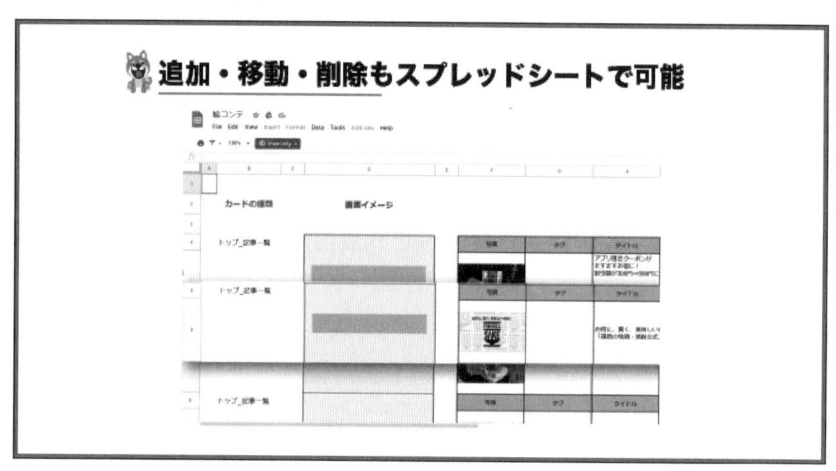

そして企業同士だけではなく、企業と消費者の間でもアプリは使えます。コーヒー店が豆を買っていただいたお客様に対しておすすめのいれ方やアレンジレシピを提供するなど、お客様の満足度を高める取り組みに使うことができるのです。

結果的に、お客様とのコミュニケーションの場所として活性化するでしょう。

スプレッドシートで使用するカードは、Magic Instructionsで用意している公式カードのほかに、パワーポイントのように使えるデザインエディタやオリジナルカードを作成できます。

さらに複雑な商品スペックなどのテキストだけでは伝えることが難しい情報も、アプリを使うことでスムーズに伝えることができます。

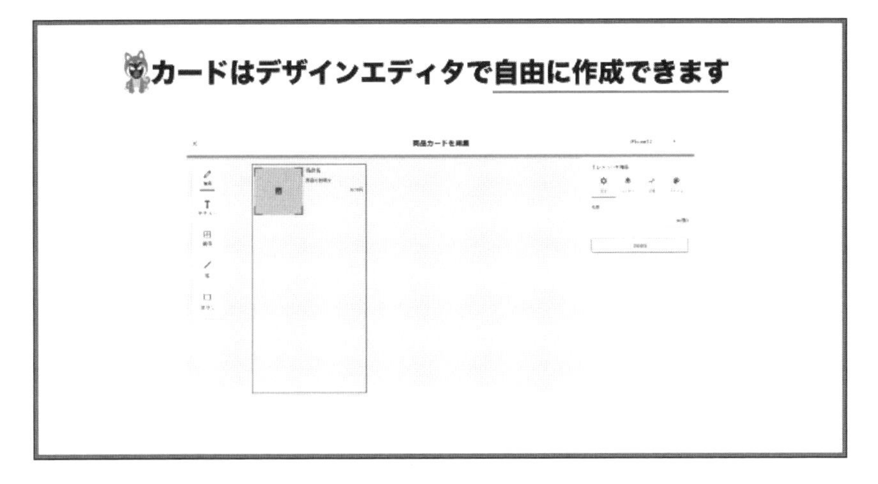

◆ Click

Clickはノーコードジャパン株式会社が開発を手掛ける国産のノーコード開発プラットフォームです。

URL https://lp.click.gmbh/ 

Clickは「究極のシンプリシティと拡張性」をコンセプトとしており、プログラミングの知識がなくても、直感的な操作をもとに、簡単にWebアプリケーション、およびスマートフォンネイティブアプリケーションを開発することができます。

AppストアやGoogle Playストアに公開するまでは、完全無料で使用することが可能であり、今後、各外部プラットフォームとのAPI連携の機能を充実させていくほか、開発を補助するアプリアキネーター機能、気軽にエレメントを販売できるマーケットプレイスの実装も予定されています。

Clickは、すでに防衛大学校や情報経営イノベーション専門職大学の授業にも導入されており、教育向けプラットフォームとしての側面も持ちます。

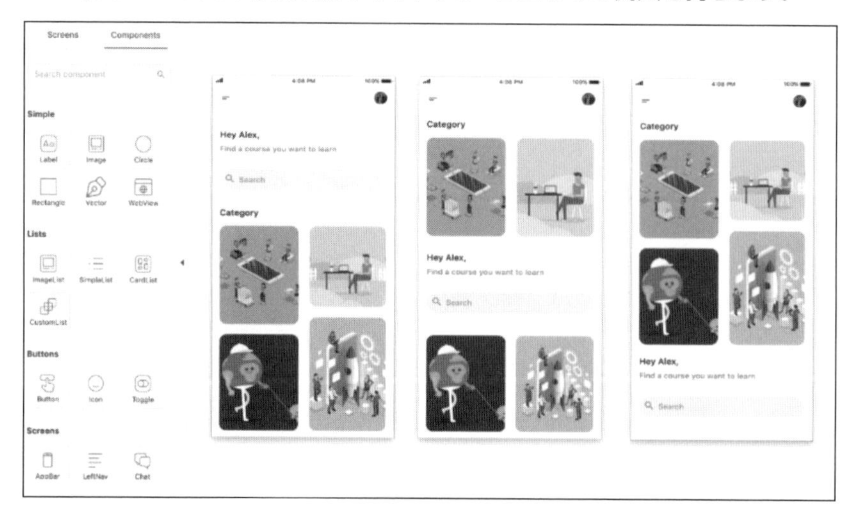

以上のように、まさに人間にとっての「最適化」はアプリで示す時代となっていくでしょう。

かつてのような文章での長い解説は読むうちに途中で断念してしまいがちですが、アプリなどで体験しながら得ることができる情報は、人々の記憶に残りやすいものです。

しかもそれが完全日本語の国産NoCodeツールで実現する時代に変わりつつあるのです。

SECTION 09 各ツールの分布を見てみる

本書に掲載されているツール以外もありますが、NoCodeツールは執筆時点では下図のように分布することが可能です。なお、価値観(分け方など)は人それぞれですが、下図はNoCodeCamp(宮崎翼)の観点で作成しています。

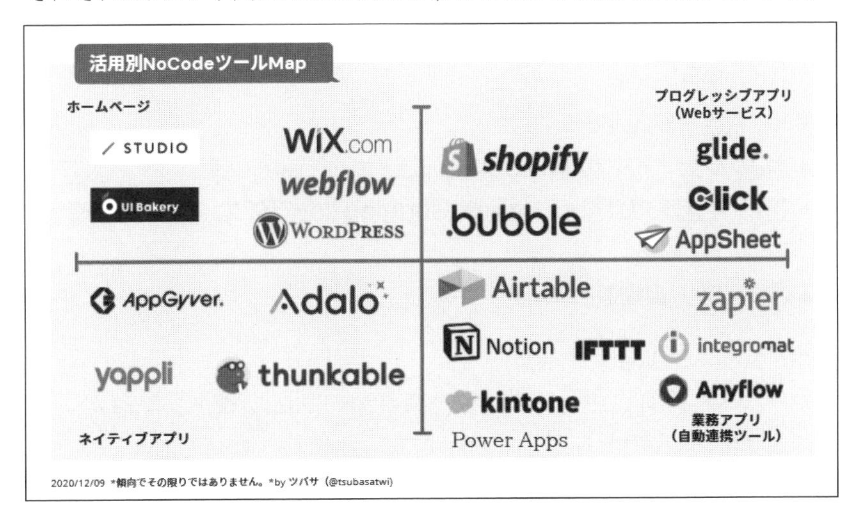

「ある目的に特化したツール」と「幅広く対応しているツール」

上記の図では、真ん中に行くほど、各機能をカバーしているいわゆる「幅広く対応しているツール」であり、外側に行くほど「目的に特化したツール」であるといえます。

目的に特化とは、たとえば、次のようなことです。

- ホームページが作りたい
- LPページ(1枚のページだけ)が作りたい
- スマホ対応のものだけが作りたい

目的に特化したツールは、特化している分、できることに限りがあります。

一方、幅広く対応しているツールは、オールインワンで、いろいろなものを作ることが可能ですが、あらゆることに対応している分、学習コスト(学習時間)がかかります。

つまり、目的に特化していれば学習コストは低いが、できることに限りがある、反面、幅広く作れてあらゆることに対応できるが学習コストは高いということがいえます。

NoCodeツールのジャンル分け

上記の図のように、NoCodeツールを目的別にジャンル分けすると、大きく次の4つに分かれます。

- ホームページ(Webサイト)
- プログレッシブアプリ(Webサービス)
- ネイティブアプリ(App StoreやGoogle Playでダウンロードして使うアプリ)
- 業務アプリ(自動連携ツール)

◆ ホームページ(Webサイト)

ホームページ(Webサイト)に分類されるツールは、いわゆるホームページを作成するツールです。

以前だったらソースコードを書いて作成しなければいけないものが、各パーツをドラッグ&ドロップして作ることができるツールが出現し、発展しました。

◆ プログレッシブアプリ(Webサービス)

プログレッシブアプリ(Webサービス)に分類されるのは、いわゆるPWA(プログレッシブウェブアプリ)を作るツールです。

App StoreやGoogle Playなどのアプリストアに出されているのがネイティブアプリなのに対し、スマホのトップにアイコンが置かれていて見た目にはネイティブアプリと変わらない、だけどWebサイトとして機能するのがPWAといったところでしょうか。Glideなどはそこに特化したツールです。

◆ネイティブアプリ(App StoreやGoogle Playでダウンロードして使うアプリ)

App StoreやGoogle Playなどのアプリストアに出されているのがネイティブアプリです。アプリストアへの登録は通常、審査が必要ですが、登録・審査への想定がしっかりされているツールはNoCodeでも多くあります。

ネイティブアプリが主流なのはもう何年も前からですが、その辺りをしっかりとフォローしているのが特長です。

◆業務アプリ(自動連携ツール)

業務アプリ(自動連携ツール)に分類されるツールは、実際にビジネスにて使うことができるツールです。

顧客管理や自動化による業務効率化などに優れており、一般的なアプリとは異なるものの機能面が充実しています。

一般的なホームページ(Webサイト)を作ることができるツールも含まれており、将来的には他の領域のことができるようになる可能性のあるツールが含まれているところも見逃せません。

SECTION 10 NoCodeでできたサービス事例

すでに世の中には、多くのNoCodeによるサービスの実例があります。そのときのトレンドに合わせてアプリを作成、需要に答えていく実装がスピーディーに構築できるのはNoCodeの強みです。「アイディアを形にする」で成功を挙げた例を見てみましょう。

GiveLocal

GiveLocalは、コロナで打撃を受けた地域のビジネスに対して、地元企業をサポートするためのサービスで、ギフトカードの購入や飲食店のデリバリーサービスの予約機能などを実装しています。

Bubbleの構築エキスパートであるBrent Summersがわずか3日で開発し、数週間でアメリカ全国紙「USA Today」に買収されました。現在は「SupportLocal」へと名前を変えて運用されています。

URL https://supportlocal.usatoday.com/

Spotto

Spottoは日本での事例で、「ノーコード博士」によってAdaloで作成されたアプリで、就職活動をWebで完結させるサービスです。日本初の買収事例となりました。

URL https://www.spotto.work/

SmartDish

SmartDishは、株式会社CARCHのサービスで、飲食店での待ち時間がなくなるサービスです。事前にアプリで注文・会計を済ませ、お店に着くとすぐに料理が提供されます。Adaloで作成され、「アイディアをすぐに形にする」が実現した事例です。現在はFlutterへ移行し、運用されています。

URL https://www.smartdish.jp/

ABABA

ABABAは、株式会社ABABAによる、就職活動にまったく新しい価値をもたらすサービスです。CHAPTER 4のBubbleの執筆を担当している中田圭太郎が、「コードを書かないCTO」としてプロダクト開発にジョインするという日本初の事例で、Bubbleで作成され、2020年11月にリリースされました。

LINEニュースや日経新聞、NHKなどの多くのメディアに取り上げられ、岡山イノベーションコンテスト優勝・キャンパスベンチャーグランプリ優勝などの実績のあるスタートアップとして注目されています。

就活の不採用通知を他者への推薦文に変え、無駄の多かった採用システムを一新するアイデアを就活市場に作り出すというコンセプトです。

最終面接まで進んだにもかかわらず、惜しくも採用に至らなかった学生を他社に推薦する流れを作り、人事担当のストレス軽減にも貢献します。他社の最終まで進んだ学生（つまりある一定以上の質が担保されている）の一覧が表示され、その中からオファーを申請して人事と学生が採用フローに進むことができます。

これにより、従来はたとえA社の最終面接まで進んだ学生であっても、B社の一次選考からやり直しとなっていた非効率な採用を、大幅にカットして優秀な学生とコンタクトが取れる仕組みを実現しています。

アイディアをNoCodeでカタチにして起業まで進んだ事例の1つです。下記のURLからぜひご覧ください。

URL https://abababa.jp 

TRIPBOOK

TRIPBOOKはNoCodeCampが実際に受託開発をしたサービス事例です。構築はABABAと同じくBubbleエキスパートの中田圭太郎です。ここでは実際に、クライアントとエンジニアがどのようにタッグを組んで開発を進めていったかを実例として紹介します。

◆ サービス概要

誰かが経験した旅行をみんなが同じように楽しめたら……そんな考えから誕生したWebサービスがTRIPBOOKです。旅行に最適化されたブログであり、一般的なブログと異なり、「旅のスケジュール」とセットになっています。「この旅行いいな!」と思ったら、すぐにスケジュールをコピーするだけで再現可能なため、自分でいろいろ調べて一から計画する手間がかかりません。

また、自分の旅として利用するだけではありません。コピーしたスケジュールをもとに自分なりに旅をアレンジして楽しんだ後、ブログを書いて公開すれば、今度は別の誰かが自分の経験した旅を利用できるようになります。つまりTRIPBOOKは、「みんなで旅を共有し育てていくシェアサービス」なのです。

TRIPBOOKは、①ブログが公開されているブックストア、②旅の詳細が分かるブログ記事、③ブログ記事と連動したスケジュールと3つのパートに分かれており、このすべての機能をBubbleで制作しました。基本構造のすべてをたった1人で構築しています。

実際にBubbleで実装した機能を具体的に紹介します。

◆ Google API接続による位置情報の取得と活用

ガイドブックが地図情報と連動していれば、これほど便利なものはありません。TRIPBOOKでは、記事で見つけた「行きたい場所」へ、どのような交通機関で、どれくらいの時間で行けるのかがすぐに検索できるようになっています。こちらはGoogle APIでの接続で実装しており、Google Mapに移動すれば、Uberを使ったリアルタイムな料金もすぐに調べられます。

ブログ部分

無事ホノルル到着。
機内で割とぐっすり眠れました。
ホノルルは日本との時差が－19時間。
昨日がまた始まる感じです。

11:30 ダニエル・K・イノウエ国際空港

ホノルルの入国審査にはいつもとても時間がかかります。今回は30分くらいだったので順調だった方かな。
入国審査後のスーツケースピックアップでもすご

＋

スケジュール部分

トリップブックはブログとスケジュールがセットになった
旅行に特化したブログプラットフォーム

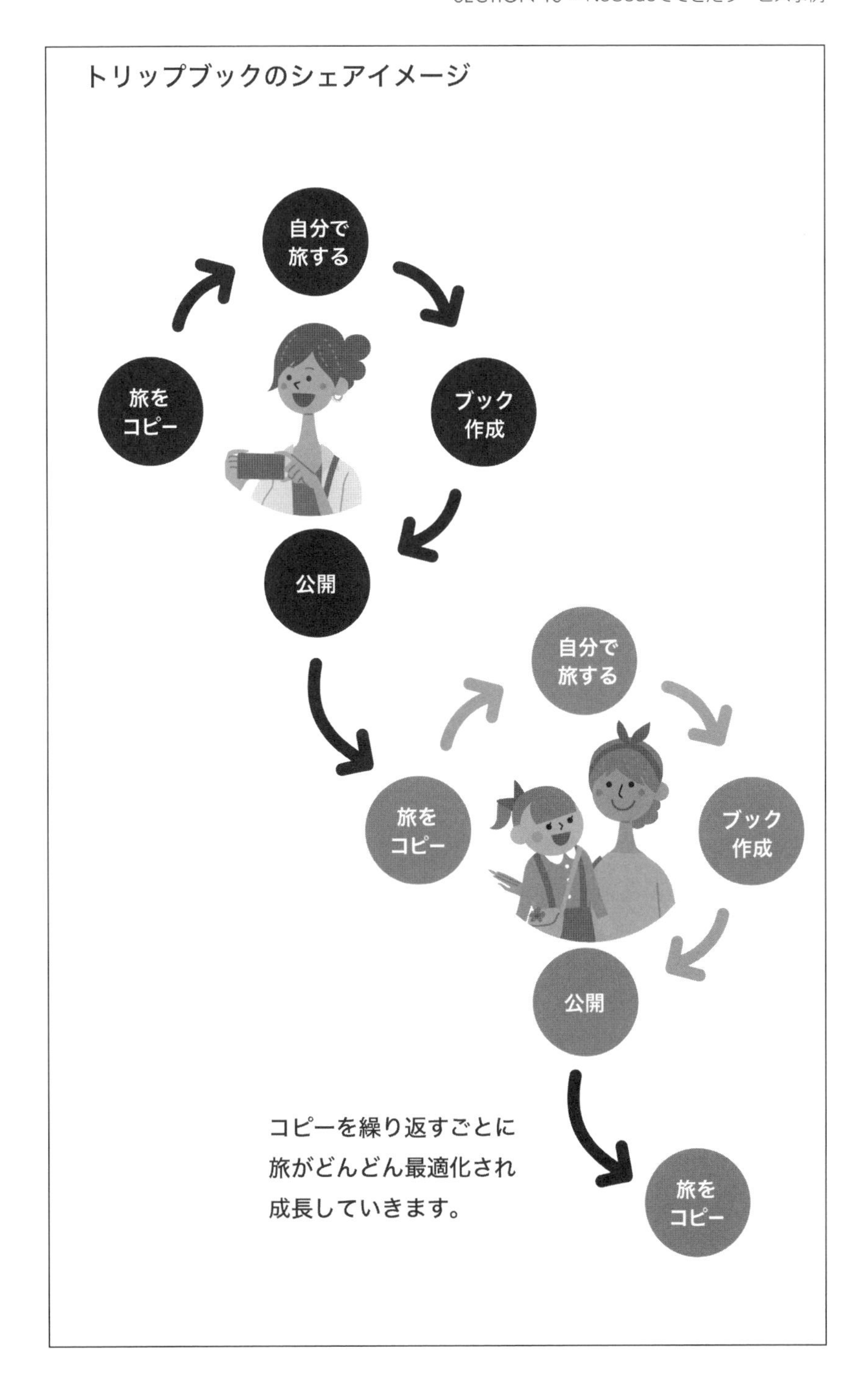
トリップブックのシェアイメージ
自分で旅する
ブック作成
公開
旅をコピー
自分で旅する
ブック作成
公開
旅をコピー
コピーを繰り返すごとに旅がどんどん最適化され成長していきます。
旅をコピー

◆自分のアカウントを活用

海外に行って現地でレンタルしたスマホでも、自分のアカウントにさえログインすれば自分のスケジュールがすぐに使えて、ナビゲーションとしても利用可能です。TRIPBOOKがあれば、旅行先で迷う心配はもうありません。

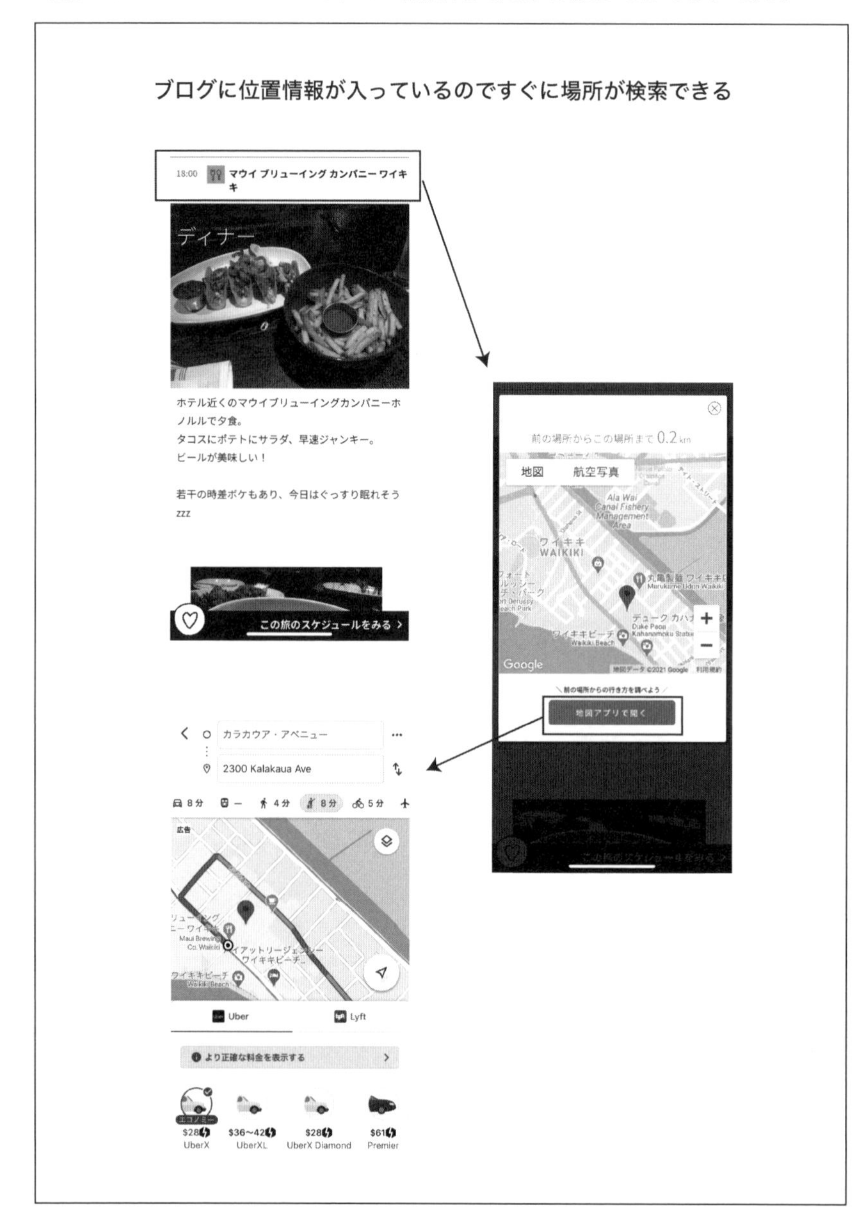

◆ NoCodeだからこそできるデザイナーとの連携

デザイナーやクリエイターとの連携の良さはやはり、NoCodeの特長の1つです。TRIPBOOKでは、Bubbleエキスパートである中田圭太郎がアプリ全体の構築をして、普段グラフィックを制作しているクライアント側のデザイナーが、デザインパート(見た目全般)をまとめています。それぞれの得意分野を活かした同時進行による協業が、NoCodeでのアプリ制作の醍醐味の1つです。

デザイナーやクリエイターの視点から捉えると「コードを書くかどうか」なんて議論はナンセンスで、ストレートに考えていることが実現できるというメリットは非常に大きいものです。カタログを制作するときのように、1ピクセル単位で何度も納得するまで調整でき、ユーザー体験を含めた全体まで調整可能です。普段、デザイナーが使っているツールとNoCodeツールとの親和性も高く、すぐに使いはじめられるところも利点です。

この事例を通じていえることは、NoCodeツールを使っていてデザイン的に物足りないと感じたときは、グラフィックデザイナーやクリエイターを制作スタッフに加えてみる、というのも1つの選択肢であるということです。そうすればアイディアをスピーディに形にできるだけでなく、より制作に幅が出るのではないでしょうか。

このように、NoCodeの制作事例という枠を越えて大変クオリティの高い仕上がりになっています。ぜひ実際にご覧いただき、体験していただければと思います。

URL https://tripbook.jp/ 

NoCodeを使うにあたっての共通したIT知識

「NoCode=コードを書かない」ということは、すでにここまでで理解されているとは思いますが、実際のところWebサイトやアプリの作成は一定のIT知識が必要となります。ここでは、その辺りを取り上げます。

Webサイトの構造について

一般的なWebサイトの構造は次のようになっています。

- バックエンド(見た目にはわからない、機能的な処理をするところ)
  - データベースなど、サイトの核となる部分を指す
- フロントエンド(見た目にわかる、サイトのデザインや動きなど)
  - NoCodeでは、ワークフローと呼ばれる動きの指示などを含む

Webサイト自体の運用に当たっては、下記も必要です。

- サーバー(包括的な情報を扱うところ)
  - NoCodeの場合はツールに含まれているため、費用や手間がかからない
- ドメイン(Webサイトの住所のようなもの)
  - NoCodeツール由来のドメインもしくは、自分で設定できる(~.com、~.co.jpなど)

これらを構築するのにコードを使わないのがNoCodeですが、サイトがどのように動くかをきちんとイメージできていることが重要です。そのイメージがなければ、実際に運用するWebサイトでエラーやトラブルが起きた時の対処も難しくなります。

API

API(Application Programming Interfaceの略)は、サービス同士を繋げることができる技術で、1からサービスを開発しなくとも既存のサービス同士を組み合わせて自サービスの機能の一部として使うことができる技術です。

コーディングにて開発されるアプリにも恩恵はありますが、NoCodeにおいても頻繁に活用されます。次のような事例で使用することが多いです。

◆ソーシャルログイン

Twitter、Google、Facebookなどのアカウントを使ってログインをするというサービスは、今やすっかり一般的なものとなりました。まさにAPIを使用した連携の方法で、サービス同士を繋げているのです。

◆ツール同士をつなげる

NoCodeを触ったことのある方にとっては、見た目はBubble、データ関連はAirtableという夢のような組み合わせを一度は思い浮かべたことがあるのではないでしょうか?

APIで繋げることで、それらが実現可能となります。APIは、サービス同士をつなげることができる技術で、それぞれのツールが出す情報を繋ぐことで、より可能性を広げることが可能です。

コードを書かないNoCodeでは、このAPIを上手に駆使することで実現可能性をどんどんと広げることができます。これからもあらゆるツールやサービスが世の中を多く占めるようになるので、この概念は非常に重要なものとなるでしょう。

機能拡張

Google Chromeの拡張機能のように、プラグインという形で1つのパックになった機能をダウンロードすることでより多くのできることを増やしていくやり方もあります。

WordPressでもプラグインの充実によりツールそのものが進化していった背景がありますが、NoCodeにおいても重要なものの1つでしょう。

NoCodeツールのBubbleも同様に「プラグイン」という形で用意されています。プラグイン自体にAPIを使って連携する機能を持ったものもあり、API接続をより最適化しています。

SECTION 12 NoCodeで実際に作るには

それでは、実際に作るにはどうすればよいのでしょうか。本書ではWebサイトやアプリ作成にフォーカスを当て、3つのツールに分けたより詳しい解説をもとにお届けします。

その前にまず、3つのツールに共通した部分をフォーカスしながら見てみましょう。

テンプレートから作る

テンプレートを利用するには、最近の主流な作り方です。どのNoCodeツールにも例外なく、テンプレートというものが存在します。すでにデザイナーなどが入ってきちんと作られた、ひな形のようなものです。

レイアウトや必要機能がすでに入っているので、あとは文章や画像を書き換えるだけでそのまま運用が可能、というわけです。

例を見てみましょう。Bubbleで利用できる次のテンプレートがあります。

URL https://jobboardremote.bubbleapps.io/

このテンプレートを購入して書き換えることで、実際に運用できるWebサービスとして仕上げることができます。NoCodeCampで実際にこのテンプレートを購入し、「プロリモート」というサービスとして仕上げました。

URL https://proremote.pro/

比較してみていかがでしょうか。デザインもさることながらログイン機能など必要機能がすでに備わった状態でしたので、あとはサービスに合わせて必要なものを書き換えてリリースするだけでした。そうすることで、最短時間でサービスをローンチすることができました。

1から作る(スクラッチ開発)

スクラッチ開発とは、テンプレートに頼らずに、1から作る手法です。まっさらなキャンバスに1つずつ重ねていくイメージでしょうか。デザイン性は求められますが、作りたいイメージがハッキリしている状態だったとしたら、1から作るほうが早い可能性があります。また、自由にカスタマイズできる利点もあります。

受託開発などでクライアントの意向を聞いて開発する場合、多くはこちらの手法を用います。

テンプレートとスクラッチ開発の比較

これらの例に見られるように、NoCodeならすでにあるテンプレートを購入して好みの仕様に書き換え、実際に運用することが可能となります。

反面、1から作るとしてもさほど大きな労力がかかることなく、イメージを形にすることが可能です。NoCodeの強みがまた1つ、ここに表れていますね。

まとめると次のようになります。

- **テンプレートの中にご自分のビジネスやイメージに合うものが見つかったらそれを使って、すぐさまWebサービスに仕上げて運用することが可能になる。**
- **1から作っていってクライアントの要望や自身のイメージに近づけながら仕上げていき、短期間でWebサービスに仕上げて運用することが可能になる。**

後者のように1からやろうと思えば一昔なら数百万~数億円はかかるような話でしたが、今はこのような形で作成して運用することが可能なのです。

これもまた、NoCodeによる「最適化」といえるでしょう。

ツールごとの構築方法について

これまでNoCodeおよびそのツールについての概要を述べてきました。

CHAPTER 2〜4では、日本で主流になっている3つのツール「Glide」「Adalo」「Bubble」のエキスパートに、それぞれのツールの使い方を解説してもらっています。

それぞれのエキスパートが1つひとつ丁寧に解説しているので、ぜひすべてのツールに触れていただきたいと思います。

なお、学習の難易度もCHAPTER順になっており、Glide→Adalo→Bubbleです。最初はGlide、続いてAdalo、最後はBubbleへと、ぜひ順番に触れてみてください。ツールそれぞれの違いや特徴など、あらゆる発見があることと思います。

本書を参考にすべて触れていただいた後には、あなたのクリエイティブが非常に刺激されている状態になっていることでしょう。ぜひお楽しみください。

CHAPTER 2

Glideを使ってみよう

「Glide」の特徴・得意分野

ここでは、Glideの特徴や得意分野について紹介します。

「Glide」の特徴

Glideは、最も簡単にPWAのアプリを作ることのできるNoCodeツールと言っても過言ではないでしょう。用意するものはGoogleアカウントとGoogleスプレッドシートだけです。あとは作成したいデータというところでしょうか。

Glideは、Googleスプレッドシートから数十秒で「アプリのもと」を作れます。アプリストアを通さない「PWA(Progressive Web Apps)」なので、個人や少人数、そしてオープンに使うアプリ作成に最適です。スプレッドシートをもとにするので、社内ツール製作にも便利です。

「Glide」の得意分野

Glideは「みんなで作る」系のオープンなアプリ、または「個人で」「家庭内で」「社内で」「グループ内で」作るクローズドなアプリ制作に適しています。

また、Glideでの製作スピードの速さは、他者の追随を許しません。災害時や緊急時のアプリとしても多く製作されています。

そしてGoogleスプレッドシートがベースとなるので、Excelなどの類似ソフトが使える方なら比較的簡単にアプリを製作できるので、「はじめてアプリを作る」という方には最も適しているともいえます。

また、GAS(Google Apps Script)を使用すれば、Glideで作成できるアプリの範囲が広がります。

Glideは基本的に無料で使えますが、ユーザーマイページなどを作ろうとすると(この書籍の作成時段階では)毎月40USドルがかかり、21ユーザー目からは1人あたり毎月2USドルの課金となります。

とはいえ「はじめてアプリを作ろう」という方には、無料かつ数十秒で「アプリのもと」ができてしまうGlideは感動的なので、ぜひ挑戦してみていただければと思います。

「Glide」で筆者本人が作ったサービスとその解説

筆者はビジネスコンセプトを考えるのが大好きな、法学部出身の文系です。アイディアは泉のように湧き出るものの、エンジニアではないため、それを現実化する手段が「エンジニアと組む」以外になく、常々もどかしく思っていました。それでもあきらめず、世界中の資料を探し出しては読みふけり、実際にアプリやWebサービスを作り始めました。そのような折に出会ったのが「ノーコード」という言葉です。その中でも「Glide」は(特にオープンなアプリならば)数時間でアプリ(PWA)を無料でリリースできます。それに衝撃を受け、Glideを使い始めました。

ここでは、筆者がGlideで制作したアプリをその解説とともに紹介します。

「お酒と食事のペアリング・アプリ【コルクナー】」について

まずひとつめのアプリは、「お酒と食事のペアリング・アプリ【コルクナー】」の紹介です。

◆飲食店様用【コルクナー】各店舗ごとに別注(カスタムオーダー)

飲食店店主の「アルバイトのスタッフが、お客様のお酒の注文の際に、いちいちバックヤードに聞きに来る……なんとかならないものか?」というご相談に応えて作成したアプリです。お店のお酒リストとメニューリストをシェフやソムリエがあらかじめペアリングしておけば、経験の浅いフロアスタッフでもオーダーの際のお客様のお酒の注文の相談に乗れます。

※リンク先は「みんなでつくる【コルクナー】」です。各飲食店さま用には、貴店専用の「別注(カスタムオーダー)【コルクナー】」を承っております。お問い合わせは以下の「みんなでつくる【コルクナー】」内にございます「使い方説明サイト」のフォーム、または筆者のブログ・TwitterのDMよりお願いいたします。

◆みんなでつくる【コルクナー】

前述の「飲食店様用【コルクナー】」を「みんなで作りたい、使いたい!」という声にお応えして作ったアプリです。プロではない一般の「私たち」の個人的なおすすめの「お酒と食事のペアリング」を登録して、みんなで楽しもう!　というアプリです。どなたでもログインなしで「ペアリング」を登録できます。

URL https://corknar.glideapp.io/ 

「テイクアウトごはん【全国版】」

「テイクアウトごはん【全国版】」は、新型コロナウイルス禍が始まった際に、テイクアウトをしている飲食店を全国の皆さまとリスト化して、テイクアウトを促進しようと作成したアプリです。お店の方だけではなく、一般の方がそれぞれ好きな飲食店を登録して応援することができます。クチコミもできて便利です。

URL https://takeoutgohan.glideapp.io/ 

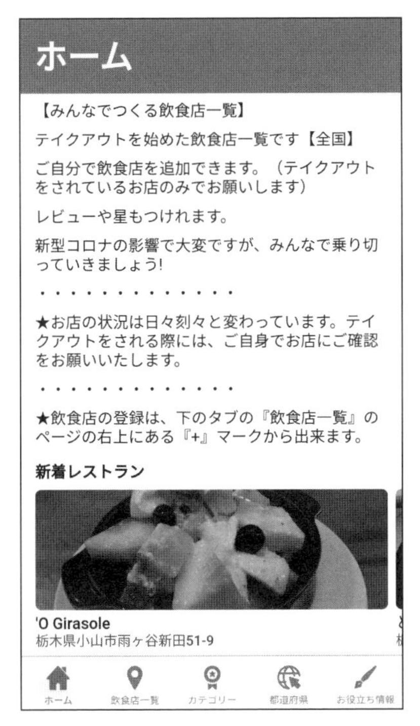

「文京区の避難所MAP」

「文京区の避難所MAP」は、この書籍で皆さまと作っていくアプリの見本です。いざというときの「避難情報」に関するアプリで、詳しい機能は後述します（皆さまには「お好きな地域の避難所MAP」をつくっていただきます。アプリの構成自体は同じで、入れるデータ内容だけが異なるものです）。

URL https://hinanjyo-tokyobunkyo.glideapp.io/

「全国避難所マップ」

「全国避難所マップ」は、この書籍を参考に皆さまが作ったアプリを登録する場所です。さまざまな地域の方が「各地域の避難所マップ」を作って登録すれば、日本中の方々のためになるアプリに成長していきます。

URL https://hinanjyo.glideapp.io/

SECTION 15 「Glide」の基本知識と登録・ログイン方法

ここでは、Glideの基本知識やログイン方法をお伝えします。

「Glide」の基礎知識

まずはGlideの基礎知識の紹介です。

◆「Glide」の公式ページを見てみよう

Glideを使うには、下記のURLにアクセスします。

URL https://www.glideapps.com/

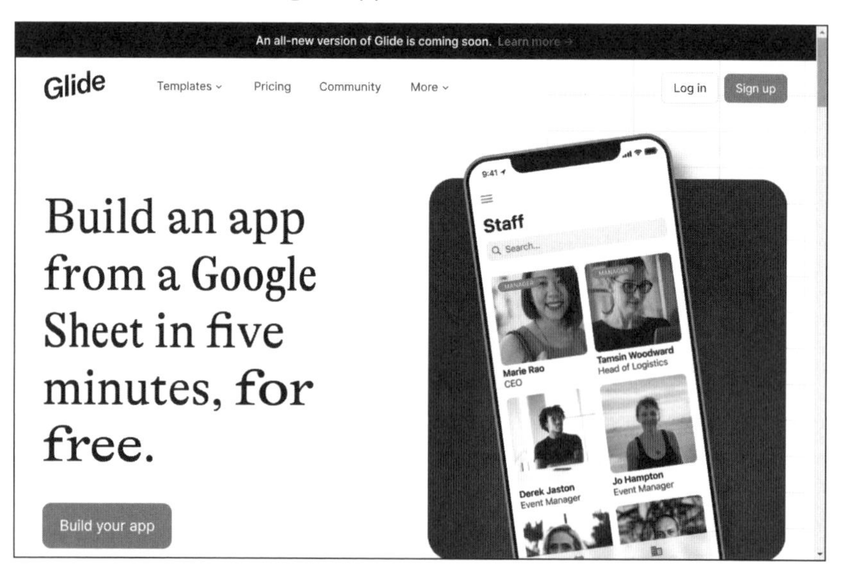

Glideは基本的にPWAが作れるNoCodeツールとなります。スマホのアプリストアを通さないで使えるアプリなので、工夫次第でさまざまな用途に使えるところが魅力です。

現時点ではスマートフォンでは編集できず、パソコンのみでアプリを作成していきます。

この公式サイトの情報は、とりあえず、すべて目を通したいところですが、ボリュームがあるので、まずはこの書籍を見ながらはじめてのGlideアプリを作りつつ(または作った後に)公式サイトの情報を見ていく、といった流れの方が効率的効果的に理解できるでしょう。

◆「Glide」の値段設定を見てみよう

「Glide」の値段設定は下図のようになっています。

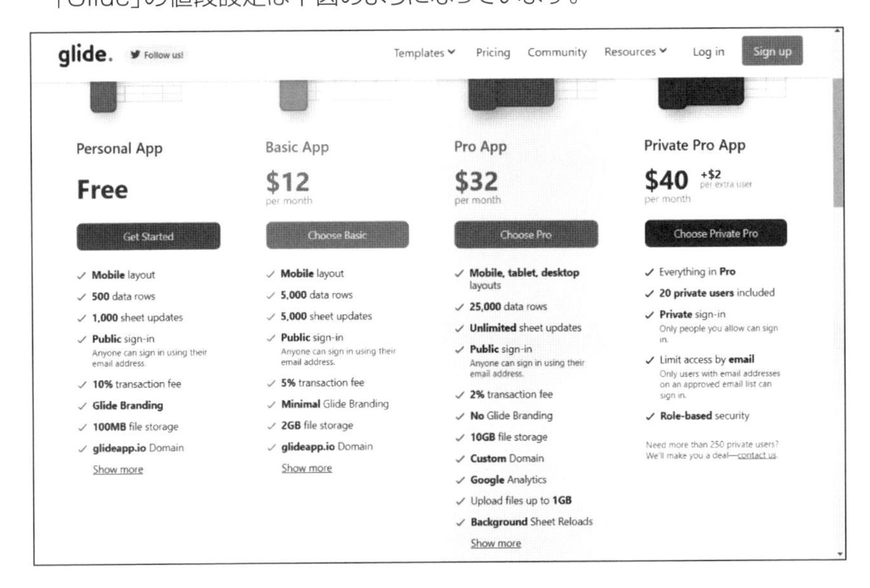

基本的にGlideは無料(Free)で充分に使えます。最初に張り切って課金してしまう方もいるかもしれませんが、まずは無料でどこまでできるかを試してみるのも面白いものです。プランをまとめると次ページの表のようになります。

プラン	料金	説明
Personal App (無料プラン)	無料	スマートフォンのみのレイアウト。スプレッドシートの500行までデータを無料で入れられる。100MBのファイルストレージまでは無料
Basic App (ベーシックプラン)	12USドル/月	スマートフォンのみのレイアウト。スプレッドシートの5000行までデータを入れられる。ファイルストレージは2GBのまで
Pro App (プロプラン)	32USドル/月	スマートフォン、タブレット、PCすべてのレイアウトが手に入る。スプレッドシートの25000行までデータを入れられる。ファイルストレージは10GBまで。作成したアプリに「Glide」の文字が入らず、独自ドメインも使用可能。Googleアナリティクスを使えたり、一度に最大1GBのファイルをアップロードできる
Private Pro App (プライベートプロプラン)	40USドル/月	「Pro App」のすべての機能に加え、「Private sign-in」(プライベート・サインイン)が可能。アクセス制限をかけたり、役割ベースのセキュリティをかけたりできる

◆「Glide」に登録&ログインしてみよう

アカウントがない場合は「Sign up with Google」をクリックし、「Sign up with Google」で、Glideと紐付けたいGoogleアカウントを選択します。すでにアカウントがある場合(または2回目以降)は、「I already have an account」をクリックしてログインします。

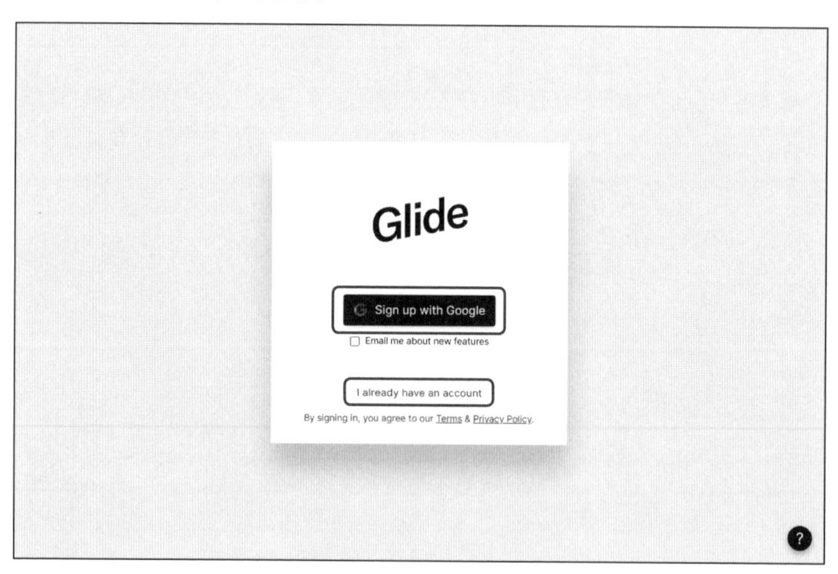

SECTION 16 「Glide」でアプリを作ってみよう

ここからは、Glideでアプリを作る方法を順を追って紹介します。

2種類の作成方法から「アプリのもと」を作成する

ログインすると、次のような画面になります。

Googleスプレッドシートからアプリを作成したい場合は「New App」(Googleスプレッドシートから作る)を選択し、テンプレートからアプリを作成したい場合は「Templates」(テンプレートから作る)を選択します。

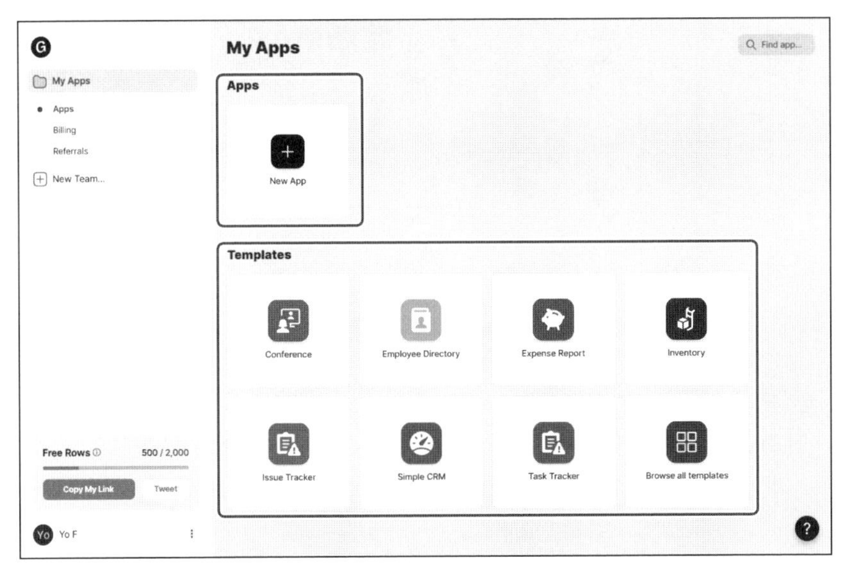

「New App」の場合は、あらかじめデータなどを入れておいたスプレッドシートがある場合に選択します(Glideのためにあらかじめスプレッドシートを作成しておきます)。

「Template」は、Glideのテンプレート一覧から、目的に応じたものを選んで選択できるものです。このときにはダミーのデータが入るので、あとから自分のデータに入れ替える必要があります。

「Insert Components」の中身を知ろう!

今回のアプリでは、画面右側の「STYLE」(スタイル)にある「Details」(ディティール)を主に使っていきます。

まずはこのDetails(ディティール)を構成する「Insert Components」(インサートコンポーネンツ)の全46種類を一通り見ておきましょう。「Insert Components」(インサートコンポーネンツ)は画面左側にあるSCREEN(スクリーン)の右横にある「+」ボタンをクリックすると一覧が表示されます。

なお、筆者のTwitter(https://twitter.com/yokof_88)で最新のGlideコンポーネント情報やGlide情報を随時、お知らせしているので、ぜひフォローいただければと思います。下記のコンポーネント集も「#Glide使いへの道」というハッシュタグでから生まれました。

◆ Action Text

テキストをタップすると「アクション(リンクを開いたり、電話をかけたり、Eメールを送ったり、マップを表示したり、Zapierと連携させたりなど)」する仕様にできます。

なお、Zapierは、iPaaS(Integration Platform as a Service)の1つで、簡単な設定でアプリ同士を複数連携させることができ、その連携の一連の動きを自動化できるツールです。業務効率化ツールとしても有名です。

◆ Hint

シンプルな色付きのカードにテキストを表示できます。オプションのタイトルと説明を選択してから、5つのスタイルの中で選べます。

◆ Text

テキストを入れられます。中央揃えなどや、長い文に「もっと見る」を追加できたり、セルのデータを直接選択して入れられたり、カスタムして自分の好きなテキストを書けたりします。太さなども多少、変えられます。

◆ Rich Text

スプレッドシートのセル自体に、またはコンポーネント自体に「マークダウン」で書けます。画像やリンクも入れられます(HTMLは使えません)。斜体や太字、見出しのサイズを変えることもできます。

◆ Basic Table

「アクション」をしない「単なる情報の羅列」をしたい場合、コンパクトに表示できて便利なテーブルです。テーブルの各行に「リレーション」も入れられるので「和食屋一覧」などもできます。ヘッダーやフッターも可能です。

◆ Separator

名前の通り、コンポーネント同士をセパレートする「線」を加えます。セパレートする空間の広さも変えられ、この「線」自体も表示・非表示を選べるので「単なる空白」を作りたい場合にも便利です。

◆ Title

「タイトル」を追加できます。タイトル以外に「サブタイトル・概要」「画像」も一緒に表示でき、特に「画像の上に、タイトルと概要が載せられる」ので情報がひとめで見やすくなります。

◆ Audio

リンクから、音楽・ポッドキャスト・オーディオを再生できます。ただし、URLがオーディオファイル拡張子「.mp3」や「.wav」などで一般公開されてなければ不可で、GoogleドライブやDropboxなどの中への直接のリンクは無効です。

◆ Image

画像を入れられます。スプレッドシートのセルにリンクを追加するか、Glideの画像アップローダで追加します。複数画像のスライドも可能です。オーバーレイで「お気に入り」なども画像の上に表示できます。

◆ Map

Googleマップ上の住所が表示されます。ユーザーがタップすると地図をGoogleマップで開いたり、静止画として表示することができます(ただし「複数住所のピンを一度に表示」ではなく「単体住所」用)。なお、日本語の住所は正確に反映されにくいため、経度緯度の数字で的確に住所を示す必要があります。その方法については後述します。

◆ Video

動画をURLから表示できます。YouTube、Twitch、Vimeo、Googleドライブなどのリンクを動画プレイヤーで表示できます。動画を表示するのに必要なのは「一般公開されているリンク」だけで、埋め込みコードは必要ありません。

◆ Webview

Webviewは、PRO版のみの機能で、Glideアプリに直接、Webサイトを埋め込むことができます。直接追加・セルの列に追加、どちらでも可能です(埋め込みができない場合もあります)。サイトはスクロール表示も可能です。

◆ Button

ボタンをタップすると、「クリップボードにコピー」「電話」「リンクを開く」「ウェブビューを開く(PRO版のみ)」「メールやテキストメッセージを送信」「フォームを表示」「共有オプションを表示」「地図を開く」「Zapierを繋げる」などができます。アプリ右下に浮かぶ「フローティングボタン」もワンクリックでできます。

◆ Button Bar

ボタンバーを使用すると、ボタンを左右に並べて表示できます。左右のボタンそれぞれに「デザイン」と「ACTION」(アクション)が設定できます。

◆ Buy Button

Stripe決済機能と連携できるボタンです。返金などの対応も可能です。ただし「投資およびクレジットカードサービス」「お金と法律サービス」「仮装通貨またはプリペイドサービス」などは制限されます。

◆ Checkbox

その名の通り「チェックボックス」を追加できます。たとえば「お買い物メモアプリ」を作成した場合、「お買い物をしたかどうか」のチェックをすることができます。チェックボックスは「ToDoリスト」の作成などに便利です。

◆ Email

タップすると、Eメールが送信できます。MailtoLinksにより、件名やcc、bccなどの情報をメールの内容に自動的に事前入力できます。情報はいつも通りスプレッドシートに入れておくだけです。

◆ Favorite

「お気に入り」を追加できます。「Favorite」はユーザーごとのデータに依存しているため、ログインしていない場合はアプリがユーザーにログインを促します。

◆ Floating Button

Buttonとほぼ機能は変わりません。画面右下に浮かぶ「フローティングボタン」もワンクリックでできます。

◆ Form Button

「投稿フォーム」を作成できます。投稿後のデータの「編集の可否」も選べます。フォームにはさまざまなデータを追加することができ、非常に便利です。また、このフォーム・ボタンから送信されたデータは、自動でスプレッドシートに入力されます。よく使うコンポーネントの1つです。

◆ Link

タップすると、リンク先のページに遷移します。「リンクタイトル」は、「ページタイトル」「最終パスコンポーネント」「短縮URL」「完全URL」の4タイプで表示できます。リンクラベルは任意の文字列を表示できます。

◆Phone

タップすると、電話をかけたり、電話番号のテキストメッセージにメッセージを送れます。テキストメッセージへのリンクは表示・非表示ができます。電話をワンタップでかけられるのは、便利ですよね。

◆Relation

リレーションは、アプリ内のさまざまなデータをつなぐ役割をします。「リレーション」「リストリレーション」「インラインリスト」の3点を設定できます。例えば「和食店」というカテゴリに該当の店舗をひもづけるなどに便利です。

◆Switch

スイッチは、その名の通り、ON/OFFを切り替えることができるコンポーネントです。

◆Inline List

アプリの他の場所からのリレーションを一覧で表示できます。シンプルなモノから、地図表示まで。一覧を地図で表示したい場合には、このインラインリストを選択したあと、「地図」を選びましょう。

◆List Relation

スプレッドシートのシートタブ、もしくは複数のリレーション列からデータを取得できます。データ抽出の際にフィルターも掛けられるので便利です。

◆Choice

チョイスとは、ドロップダウンのことです。選択した列をドロップダウンの一覧に設定できるので便利です。

◆Date

日付を選択できます。たとえば、編集した日付やToDoリストの期日などです。

◆Date Time

日時(日付と時間)を編集できます。日時の書き方は国によってさまざまですが、この書き方についてはスプレッドシートで「ロケール」を指定することによって変更可能です。

◆Event Picker

イベントの日付と期間を選択できます。また、新しいイベントを作成するだけではなく、他のイベントを表示できるので、参照用などとして競合イベントなども表示可能です。プライベートイベント設定もできるので便利です。イベントピッカーを使えば「予約アプリ」なども作れます。

◆File Picker

10MBまでのファイルをアップロードできます。PDFやドキュメントなどのアップロードに最適です。スプレッドシートにURLとして保存されます。

◆Image Picker

イメージピッカーを使用すると、ユーザーはアプリ内から直接、画像をアップロードできます。イメージピッカーは自動でスプレッドシートに画像のURLを入力するので、アップロードされた画像を他のコンポーネントにバインドすることができます。

◆Like

誰かが「Like」を押すとスプレッドシートに「+1」が記載され、誰かが「Dis Like」を押すとスプレッドシートに「−1」が記載されます。「User Specific columns」を使用すればユーザーごとに「Like」が設定可能です。

◆Rating

評価を付けられます。星やハート、ピザなどのアイコンで3〜5段階の評価をすることが可能です。「User Specific columns」を設定すると、ユーザーごとに評価が付けられるようになります。

◆Reaction

ユーザーがアイテムに対して絵文字などでさまざまな「反応」をすることができます。ユーザーごとに反応を分けたい場合は「User Specific columns」を設定します。

◆Charts

スプレッドシートのシート、またはデータエディタのリレーション列をグラフ化できます。初期設定では最初の列が選択されますが、「Label」または「Quantity」を使用すれば変更できます。

◆ Progress Bar

シートの数値を「水平バー」「円」「半円」で表示します。プログレスバーは最小値と最大値を設定する必要があり、Glide内で設定したカスタム値、またはカラムの数値が使用可です。ソートのカラム値を選択した場合は、動的な設定が可能です。

◆ Comments

ユーザーがコメントやフィードバックを残すことができます。ただし、ログインが必要です。Androidユーザーにはコメントがプッシュ通知可能です。コメントしたユーザーには、誰かがそこにコメントした場合、メール通知がされます。

◆ Email Entry

ユーザーがEメールのフィールドを追加したり編集したりできます。フィールド内に「タイトル」や「ヒントとなるテキスト」などを設定しておくと、ユーザーが意図を理解しやすいでしょう。

◆ Location

ユーザーが現在地を記録できます。ただし「Distance Computed Column」とは異なり、場所を移動しても位置情報は更新されません。覚えておきたい特定の場所などに使用すると便利でしょう。

◆ Notes

長文に便利です。テキストコンポーネントと似ていますが、編集モードが全画面表示で開きます。また、3行目以降のテキストを「・・・」で省略するので、詳細ページがすっきりと見えます。

◆ Number Entry

アプリのユーザーが「数字」フィールドを追加したり編集したりできます。「タイトル」や「ヒントとなるテキスト」を入れておくと、ユーザーがフィールドの目的を理解しやすくなります。

◆ Phone Entry

アプリのユーザーが「電話番号」フィールドを追加したり編集したりできます。「タイトル」や「ヒントとなるテキスト」を入れておくと、ユーザーがフィールドの目的を理解しやすくなります。

◆ Signature

アプリ内でユーザーが署名できます。誰かが署名すると署名画像が生成され、その画像へのリンクがスプレッドシートに書き込まれます。個々人固有のものにしたい場合は「User Specific columns」の設定をしてください。フォームなどに便利です。なお、フォームが送信されるまでは、署名は保存されません。

◆ Stopwatch

ストップウォッチが作成できます。「スタート」「一時停止」「ストップ」などのおなじみの機能がアプリで使用可能です。個々人固有のデータにするためには「User Specific columns」を設定してください。

◆ Text Entry

短文に適しています。アプリのユーザーが「Text」フィールドを追加、編集することができます。「タイトル」や「ヒントとなるテキスト」を入れておくと、ユーザーがフィールドの目的を理解しやすくなります。

「文京区の避難所MAP」の作り方

コンポーネントを一通り見たところで、さっそく「文京区の避難所MAP」を作っていきましょう。お手本は「文京区」ですが、ここはぜひ、皆さまのゆかりのある地域の避難所MAPを作っていただければと思います。

お手本の「文京区の避難所MAP」アプリをQRコードで読み取って、お手持ちのスマートフォンの「ホーム画面に追加」して実際に触りつつ、作っていきます。

URL https://hinanjyo-tokyobunkyo.glideapp.io/

まずは「文京区の避難所MAP」の全ページを見てみよう!

アプリを作るには、まず全体像を把握しなくてはなりません。今回はスマートフォンに入れた「文京区の避難所MAP」アプリの全ページを開いて確認してみましょう。ご自身で新しいアプリを作る場合には、どんなページが必要か、どんな機能を持たせるのか。ぜひノートなどにアプリの全体像を絵にして書いてみてください。

◆「文京区の避難所MAP」の機能

「文京区の避難所MAP」のホーム画面です。「このアプリの機能」という解説画像を載せて、このアプリをはじめてインストールした方でもすぐに使えるようにと工夫しています。

文京区の避難場所MAP
Upgrade
Share
TABS
ホーム
避難所を探す
地図
今必要なモノ
災害ニュース
MENU
SCREEN
Image https://drive.google.com/file/d...
Image https://drive.google.com/file/d...
Inline List 今必要なモノ
Separator
Inline List 避難所への口コミ
Separator
Inline List 災害ニュースへの口コミ
Inline List 文京区の避難場所
ホーム
文京区の
避難所MAP
このアプリの機能
①ホームに戻る
②避難所を探す(一覧)【クチコミする】
③避難所を探す（地図）
④いま必要なモノ【クチコミする】
⑤災害ニュースを見る【クチコミする】
General
Options
Edit Form
Label
Source
文京区の避難場所
Tab Icon
STYLE
List
Tiles
Calendar
Map
Checklist
Cards
Swipe
Details

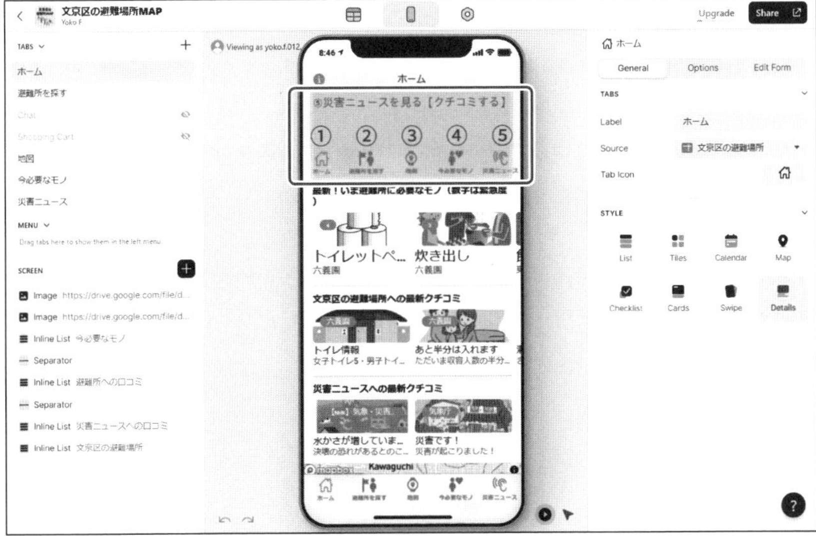

文京区の避難場所MAP
Upgrade
Share
ホーム
⑤災害ニュースを見る【クチコミする】
① ② ③ ④ ⑤
トイレットペ...
炊き出し
六義園
文京区の避難場所への最新クチコミ
トイレ情報
あと半分は入れます
災害ニュースへの最新クチコミ
水かさが増していま...
災害です！
General
Options
Edit Form
Label
Source
Tab Icon
STYLE
List
Tiles
Calendar
Map
Checklist
Cards
Swipe
Details

このアプリの機能は次の通りです。

- 避難所を一覧で見られる
- 避難所をマップで見られる
- 避難所に必要なモノを避難所別に書き込める
- 避難所にもっていったものを避難所別に書き込める
- 避難所の現在の様子をクチコミ出来る
- 災害ニュースを見られる
- 災害ニュースへのクチコミができる

もしもの災害のときに、なにが必要かを考えてみました。そして、もしもの災害のときには「ログインなどしていられない!」ということで、ログイン機能は付けていません。

◆ アプリが完成したら、「全国避難所MAP」に登録しよう!

また、この書籍の手順に添って作られた「お好きな地域の避難所MAP」は、ぜひ下記の「全国避難所MAP」に登録していただけたらと思います。1つのアプリで全国の地域の避難所が一覧に見えるアプリをみんなで作っていきましょう(制作者のお名前や連絡先、コメントも記載できます)。

URL https://hinanjyo.glideapp.io/

避難所情報は、各地域自治体のホームページや情報誌に載っていたりします。オープンデータになっているところもあるので、いろいろと調べてみましょう。より細かな情報が欲しい場合は、自治体に問い合わせてみるのも手です。

「文京区の避難所MAP」の構成を知ろう!

まずはこれからつくるアプリのお手本である「文京区の避難所MAP」の構成を説明します。

◆「ホーム」画面を見る

ホームには上から順に「画像×2」「いま避難所に必要なモノ」「避難所への最新クチコミ」「災害ニュースへのクチコミ」「避難所一覧のマップ」が並んでいます。

そして一番下部のタブには左から順に「ホーム」「避難所を探す」「地図」「いま必要なモノ」「災害ニュース」が並んでいます。

そして、この「ホーム画面」は「Details」によって見た目が調整されています(あとで詳しく説明します)。

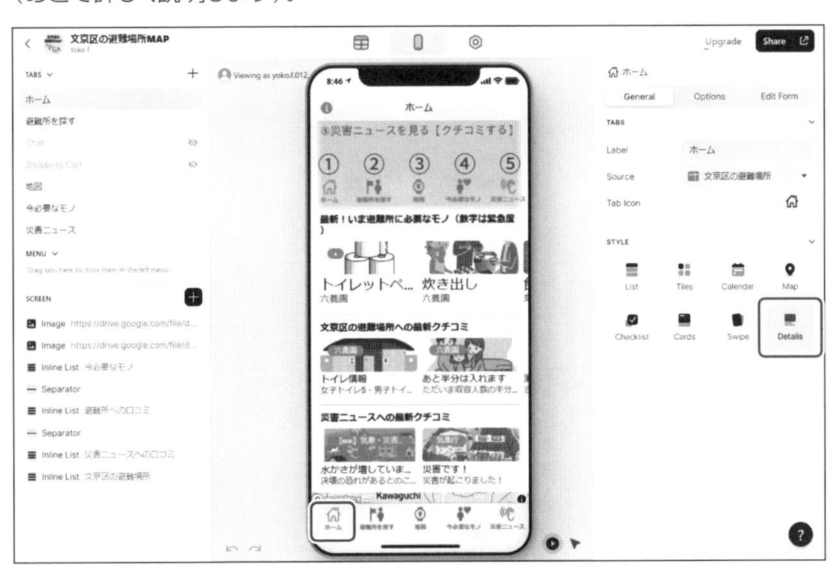

◆アプリの「タブ」を見る①〜「避難所を探す」

それでは、タブを開いてみましょう。1つ目のタブは「避難所を探す」です。このページは避難所が一覧になって見えます。それぞれの避難所名をタップしますと、詳細ページに飛ぶようになっています。

◆アプリの「タブ」を見る②〜「地図」

次のタブは「地図」です。こちらはすべての登録避難所が地図上にピンされてひと目でわかるようになっています。こちらもピンをタップすると、各避難所の詳細画面に飛びます。

◆ アプリの「タブ」を見る③～「いま必要なモノ」

次のタブは「いま必要なモノ」です。ここには「トップ画像」と「いま避難所に必要なモノ」を書き込めるフォームボタンがあり、その下には緊急度を数字で表したものと必要としている避難所名が画像に載せられたカードが、新しい順に並んでいます。このカードをタップすると、「いま必要なモノ」の詳細画面へと飛びます。

◆アプリの「タブ」を見る④～「災害ニュース」

いちばん右のタブは「災害ニュース」です。ここには、パニックになりがちな緊急事態でも、すぐに必要な情報にアクセスできるように、政府やニュースサイトなどのリンクを貼っています。そして詳細画面には「その災害ニュースへのクチコミ」もできます。そしてそのクチコミの一覧が、新しい順にこのタブの下部に並びます。

アプリの編集画面の構造を知る

それでは、各画面の作り方を見ていきましょう。まずはこの編集画面の構成から説明します。

Glideは大きく分けて4つのエリアから構成されています。一番左の「タブとコンポーネント」の部分、真ん中の「いま編集しているアプリ画面」、一番右の「その編集画面・ページにおける編集項目」となっています。そして上部にある「編集画面の切り替え」部分があります。

一番左の「タブとコンポーネント」の部分は、上から順に、「TABS」(タブ)、「MENU」(メニュー)、「SCREEN」(スクリーン)となっています。

真ん中の「いま編集しているアプリ画面」は、見たままアプリに反映されるので、わかりやすいです。このエリアの右下にある2個のアイコンの「左側」はPlay Mode（プレビュー）を、「右側」はSelect Mode（編集モード）を表します。左上のメールアドレスは、「いまログインしているアカウントから、どのようにアプリが見えるか」を表すもので、時と場合に応じて切り替えながら使用します。

一番右の「その編集画面・ページにおける編集項目」のところは、ページが切り替わるたびに変化し、各ボタンを押すたびにも変化します。また、ここの上部にあるタブは切り替えながら使用し、意外と重要な操作が行われるので、この上部のタブの存在は覚えておきましょう。

上部の「編集画面切り替え」部分は、左から順に「データ（スプレッドシート）編集」「アプリ編集画面」「Settings（セッティング）」です。

Googleスプレッドシートの準備をする

Googleスプレッドシートの準備は、Glideでアプリを作るには欠かせない工程です。

◆スプレッドシートに記入を始める

このアプリは「New App」（スプレッドシートから作成）ボタンによって作られました。つまり、先にスプレッドシートに必要事項を記入してからGlideに紐付けづけられた、ということですね。

では、具体的にどのような項目をスプレッドシートに記入しているのでしょうか？　お手本となる「文京区の避難所MAP」では下図のように入力しています。

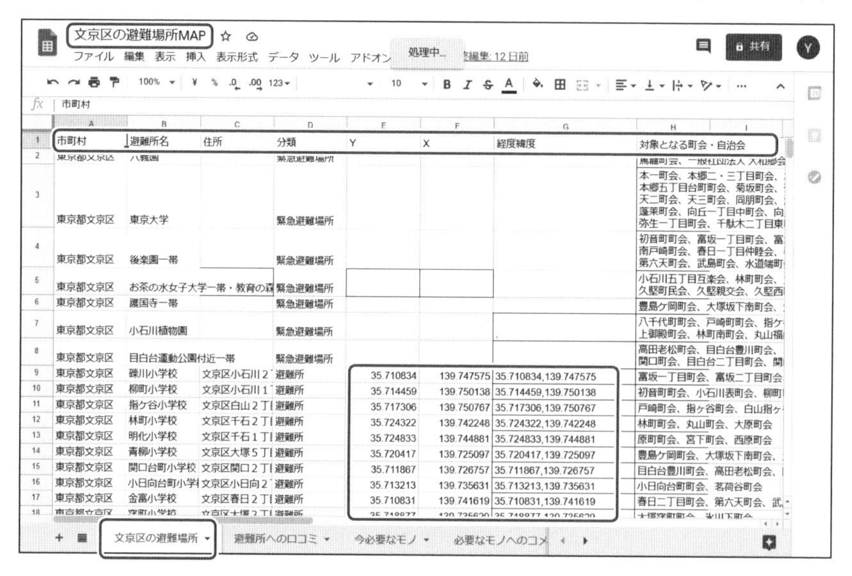

それでは、このアプリの制作方法の説明に入ります。

まずは新規のスプレッドシートを開いて、タイトルに「○○市（あなたの作りたいエリア）の避難所MAP」と入力します。

次に、下のシートタブ（以降、タブ）に「○○市の避難場所」と書きましょう。この下のタブの名前を変更しておかないと、あとで「シート1？　シート2？……どれのことだったかな?」と混乱するので、きちんと名前を変えておきましょう。

◆ 1行目を記入する(1行目は特別な行)

そして「○○市の避難場所」のシートの「1行目」のところに、左から順に「市町村名」「避難所名」「住所」「分類」「X(経度)」「Y(緯度)」「経度緯度」「対象となる町会・自治会」と入力します。

この「1行目」は特別な行で、ここに記入された文字列を使ってアプリのさまざまな機能の設定をしていきます。

2行目からは実際のデータを入れる行となります。

注意点としては、住所をGlide上で表示させるにはコツがいります。Glideは海外製なので、日本語の住所を正しく認識してくれません。そのため、経度緯度で住所を数字で特定しておく必要があります。「経度緯度」の列には、スプレッドシートのセルに式を入れておきます。式は「=(経度の列番号)&","&(緯度の列番号)」で自動的に入力されます。具体的には2行目(G2のセル)に「=E2&","&F2」と入力し、コピーするとよいでしょう。

◆ 2行目以下に「データ」をセットする

ここまでできたら、2行目以下に実際に取得してきた避難所のデータを入れます(データのない所は空白で大丈夫です)。経度緯度については、住所を入れるだけで経度緯度を割り出せる簡単なツールもインターネット上にあるので、それらのツールを使って入力することをお勧めします(あとで「Map(地図)」機能が使えなくなるため)。

◆ 必要な全タブを作っていく

では、次にタブ2を開いてタブに「避難所へのクチコミ」と入れましょう。

1行目に、左から「避難所名」「タイトル」「クチコミ」「画像」「日時」「ニックネーム」と入れます。このタブは、2行目からは空白のままにしておいてください。Glide上でこのタブに入力できるフォームを作るので、そちらから入力されるようにしていきます。

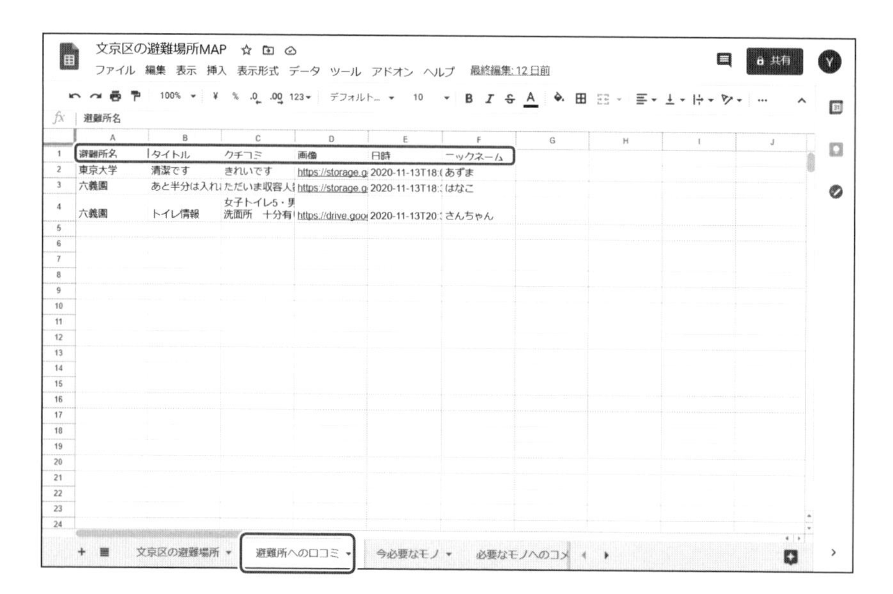

	A	B	C	D	E	F
1	避難所名	タイトル	クチコミ	画像	日時	ニックネーム
2	東京大学	清潔です	きれいです	https://storage.g	2020-11-13T18:(	あずま
3	六義園	あと半分は入れま	ただいま収容人	https://storage.g	2020-11-13T18::	はなこ
4	六義園	トイレ情報	女子トイレ5・男 洗面所 十分有	https://drive.goo	2020-11-13T20::	さんちゃん

次のタブを開いて、タブの名前を「いま必要なモノ」とします。1行目に左から「避難所名」「電話番号」「担当者」「必要なモノ」「日時」「緊急度」「画像」「コメント」と入れます。このタブも2行目からは空白にしておいてください。

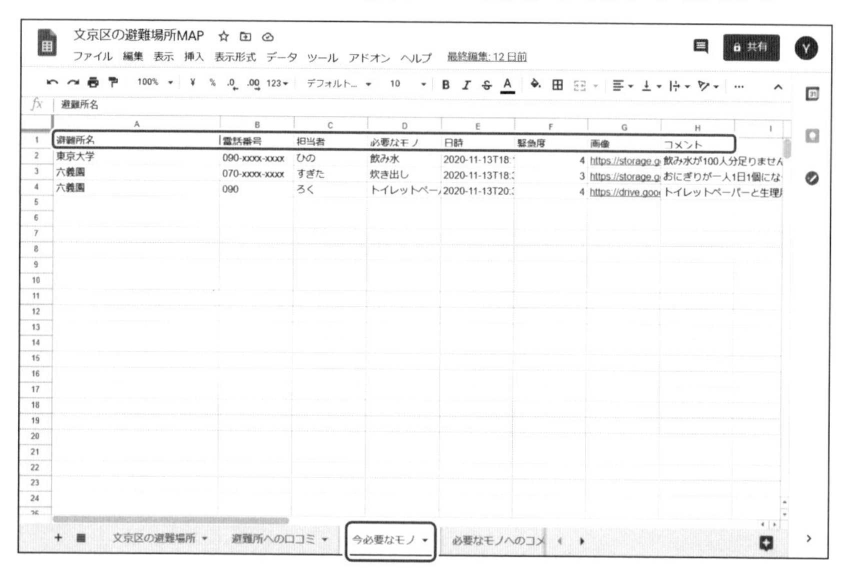

	A	B	C	D	E	F	G	H
1	避難所名	電話番号	担当者	必要なモノ	日時	緊急度	画像	コメント
2	東京大学	090-xxxx-xxxx	ひの	飲み水	2020-11-13T18:	4	https://storage.g	飲み水が100人分足りません
3	六義園	070-xxxx-xxxx	すぎた	炊き出し	2020-11-13T18::	3	https://storage.g	おにぎりが一人1日1個にな
4	六義園	090	ろく	トイレットペー	2020-11-13T20::	4	https://drive.goo	トイレットペーパーと生理

次のタブを開いて、タブの名前を「必要なモノへのコメント」とします。1行目に左から順に「避難所名」「ニックネーム」「連絡先」「コメント」「日時」「画像」とします。このタブも2行目以下は空白にしておいてください。

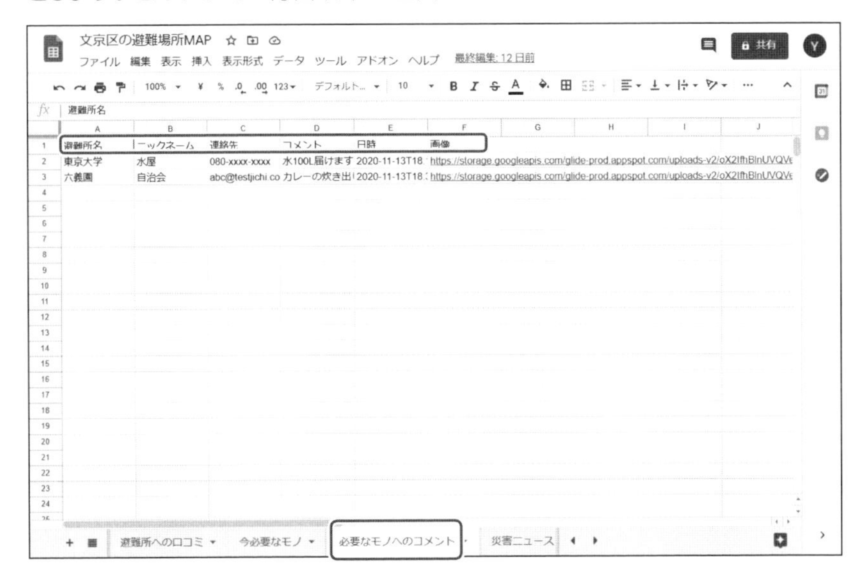

次のタブを開きます。タブの名前を「災害ニュース」としてください。1行目に左から「ニュースソース」「URL」と入れます。

このタブは2行目以下に自分で情報を入れます。たとえば気象庁やNHK、地方自治体といった情報源を「ニュースソース」の列に書いていき、その右の「URL」のところに該当URLを貼っておきます。

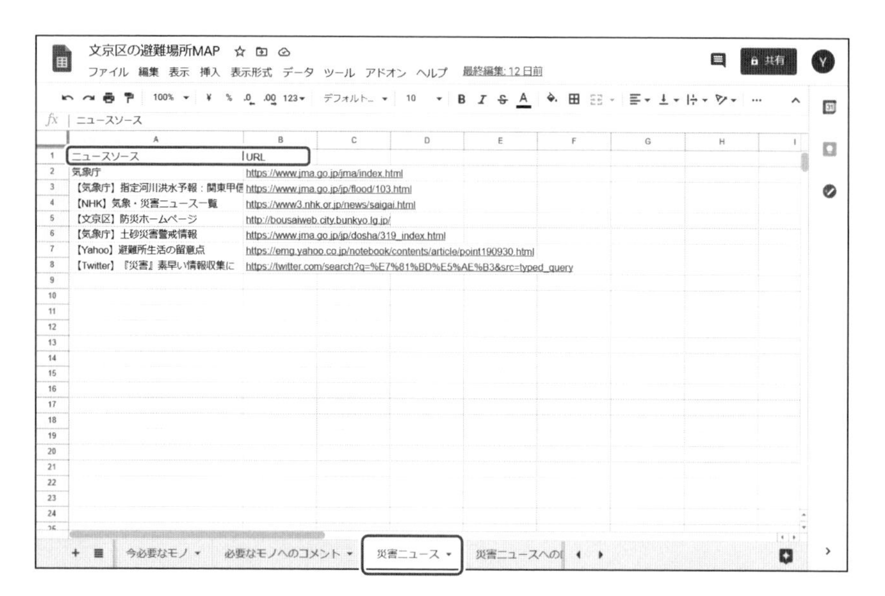

次のタブを開いて、タブの名前を「災害ニュースへのクチコミ」とします。1行目の左から、「ニュースソース」「タイトル」「クチコミ」「ニックネーム」「日時」「画像」と入れます。このタブは、2行目以下は空白にしておいてください。

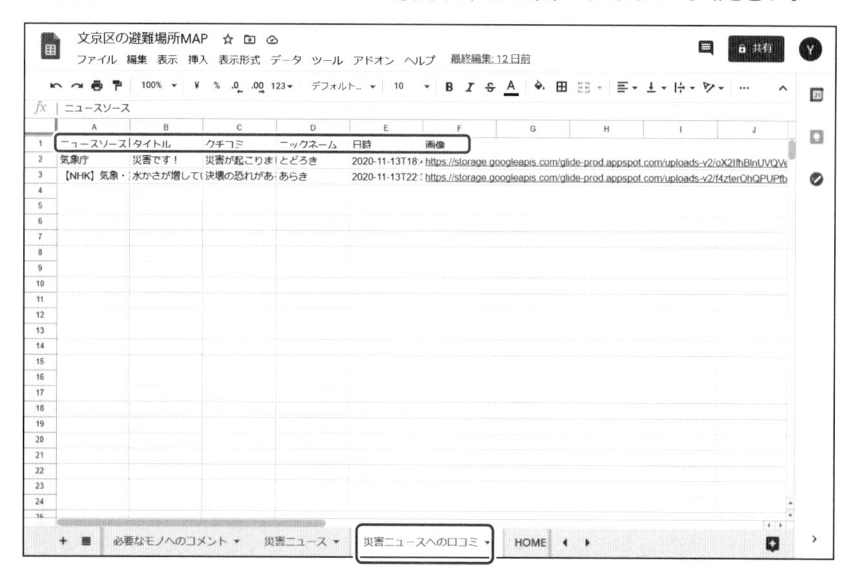

最後のタブです。新しいタブを開いて、タブの名前を「HOME」にします。1行目の左から「文章」「画像」と書きます。このタブは自分で情報を書きます。このタブの内容は実際には反映させないので、文章、画像ともに空白でも構いませんし、実際に使いたい画像を公開URLで入れておいても構いません。

ここまでで、スプレッドシートの事前準備は完了です。

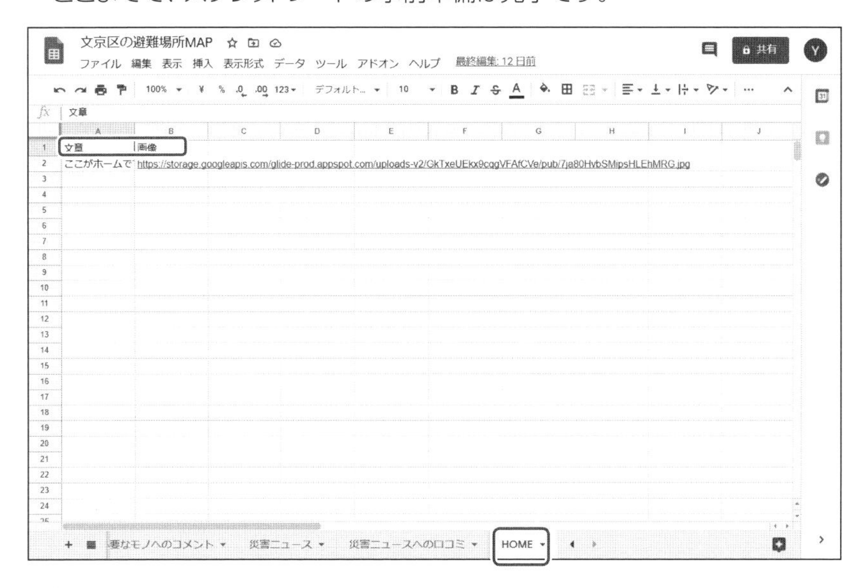

事前準備が出来たら「Glide」を立ち上げよう!

ここからGlide上でアプリを整えていく手順に入っいきます。

◆新規アプリを作成する

これからGlideを立ち上げて、いま作ったスプレッドシートが入っているGoogleアカウントでGlideにログインします。

「Create app…」(アプリを作る)ボタンを押して「From Google Sheet」(スプレッドシートから作成)を選びます。そしていま作ったスプレッドシートを選択して「Select」(作成)ボタンを押して20秒ほど待ちます。これで「アプリのもと」ができました!　ここからアプリを整えていきます。

◆アプリの「タブ」を整える

まずは「アプリ下部のタブ」を左から順に「ホーム」「避難所を探す」「地図」「いま必要なモノ」「災害ニュース」の順にセットしていきます。

一番左のエリアの一番上の「TABS」（タブ）を選択し、画面右にタブの設定画面を出します。左のエリアの上から順に「アプリのタブの左からの順」になります。TABSは上下の並びをドラッグ&ドロップで変更できます。

必要なタブだけ残して、いらないタブは「ゴミ箱アイコン」で削除します。

右側のエリアにあるタブのバーをクリックすると、タブの設定の詳細画面になります。詳細画面は上から順に次のようになっています。

- 「Label」（ラベル）：アプリのタブの下に出る文字列。好きに書いてよい。
- 「Source（ソース）」：スプレッドシートにある適切な「タブ」を選ぶ。今回「ホーム」では「文京区の避難場所」で構成したいので、ソースに「文京区の避難場所」を設定する。
- 「Tab Icon」（タブアイコン）を選ぶ。無料で選べるアイコンと、有料版でしか選べないアイコンがある。

この3点を設定したら次のタブに移り、同じ要領ですべてのタブを設定します。タブが設定できたらいよいよアプリの中身を作っていきます。

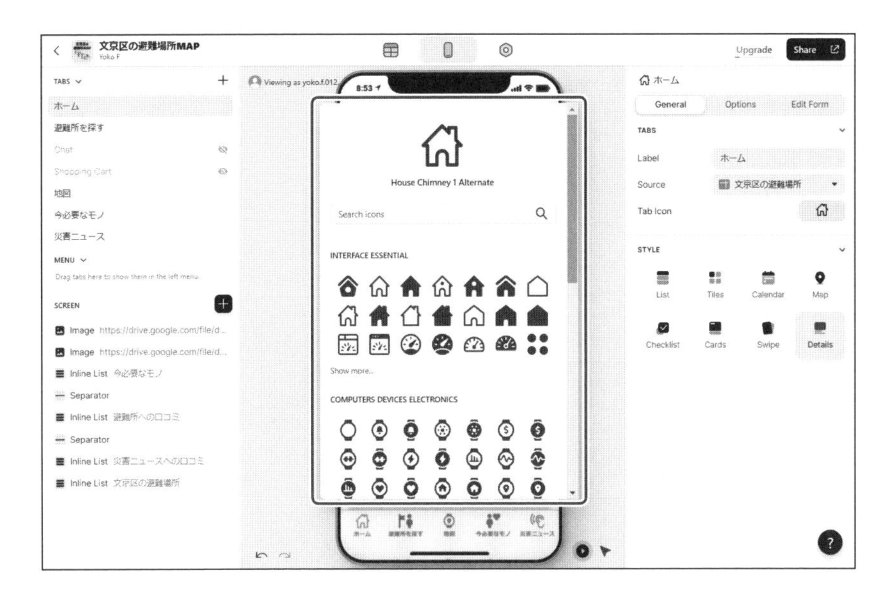

◆「データ」を整える

次に「データベース」を整えていきます。

上部のエリアの上から一番左の「Data」(データ)というところを開きます。そして開いた「データ」の左のタブ「文京区の避難所」のところで右上の「黒い四角にプラスボタン」をクリックして、次ページの図のような設定をします。

画像では新しいカラムに中身が反映されていますが、これは完成後の画面なので、現時点では空白で問題ありません。

ここの「Label」(ラベル)の名前は必ずわかりやすいものに変更しておいてください。でなければ、あとで設定をするときに「New Column(ニューカラム)」ばっかりで、どれがどれだかわからない……」という事態に陥ります。

「クチコミー避難所名」という列を追加します。

「クチコミ内容」という列を追加します。下図のように設定してください。

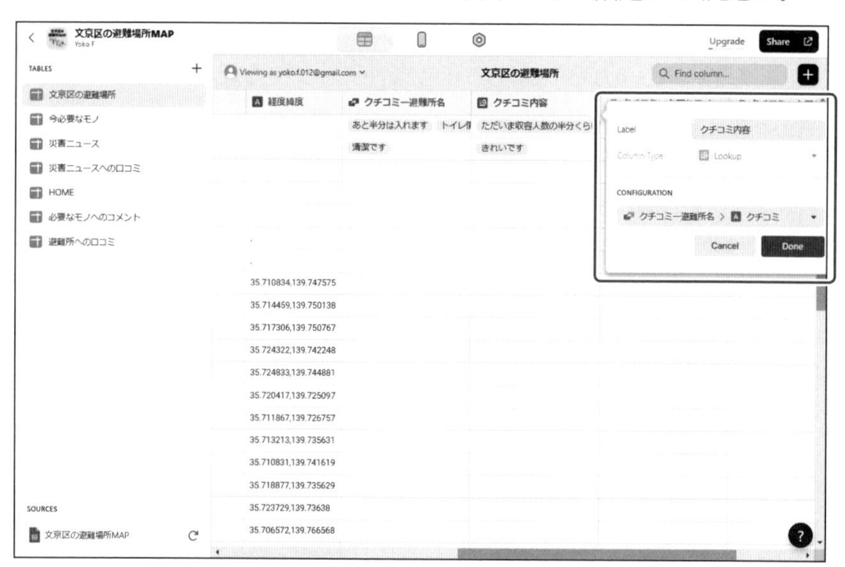

「クチコミ－必要なモノ」という列を追加します。下図のように設定してください。

「クチコミ－必要なモノへのコメント」という列を追加します。下図のように設定してください。

「いま必要なモノ」タブでの、データ設定画面です。「必要なものへのコメント」という列を追加します。下図のように設定してください。

「いま必要なモノ」タブで「避難所へのコメント」という列を追加します。下図のように設定してください。

「災害ニュース」タブで「災害ニュースへのクチコミ」という列を追加します。下図のように設定してください。

同じく「災害ニュース」タブで「災害ニュースへのクチコミ内容」という列を追加します。下図のように設定してください。

ここまでで、「データ」セクションで必要な設定は完了です。

最初は何もデータが入っていないので、この設定見本を見ながら、後述する「Form Botton」（フォームボタン）から実際のデータを送信して、きちんとデータが反映しているかどうか確認しながら作ってみてください。

SECTION 18 各タブの画面を作っていこう

ここからは、1つひとつのタブを作っていきます。

「ホーム」タブを作成する

まずはじめに、「ホーム」タブから作ります。

◆「ホーム」画面の構成(全体像)

「ホーム」タブの画面はアプリの顔となる部分なので、ユーザーが使いやすいようにいろいろと工夫していきましょう。

今回必要なのは次の2枚の画像です。

- **タイトル画像**
- **このアプリの説明画像**

この2枚をお好きな画像作成ツールで作成したものを、Googleドライブに入れて「公開リンク」を発行します。そしてそのリンクをコピーして使用します。

この画面には、最初にいろいろとスプレッドシートの情報が羅列されたコンポーネントリストなどが並んでいると思いますが、まずはこれらをすべて削除します。

やり方は、右側のエリアの「STYLE」(スタイル)から「Details」(ディティール)を選びます。そして出てきた左側の「COMPONENTS」(コンポーネンツ)の中身をすべて削除します。

次に、左のSCREENの右横にある「黒い四角にプラスボタン」をクリックして出てきた「Insert Component」(インサートコンポーネント)から「ホーム」画面に入れたいものを次ページの図のように設定していきます。

上から順に、次のようにします。

❶イメージ
❷イメージ
❸インラインリスト（いま必要なモノ）
❹セパレーター
❺インラインリスト（避難所へのクチコミ）
❻セパレーター
❼インラインリスト（災害ニュースへのクチコミ）
❽インラインリスト（文京区の避難所の地図）

それぞれ初期設定では適当な内容が設定されているので、1つひとつ改めて設定していきます（あとで画像とともに詳しく説明します）。

まずはGlideの編集画面の主な注意点を説明します。

ポイントは右側に出る「Source」（ソース）のところで、ここに正しいスプレッドシートのタブを設定しておかなければなりません。

「Label」(ラベル)はアプリ上に現れるタイトルなので、わかりやすいものを付けましょう。

「STYLE」(スタイル)の中の「Details」(ディティール)の中の「DESIGN」(デザイン)は単なる「見た目」なので、見本のように作ってもいいですし、好きなようにカスタマイズしても構いません(ただし、ユーザーの利便性を考えながら作ってみてください)。

「Data」(データ)には「Source」(ソース)のところで選んだスプレッドシートのタブの1行目が1つひとつ反映されます。「DESIGN」(デザイン)は見本のように作ってもいいですし、好きなようにカスタマイズしても構いません。カスタマイズは「DESIGN(デザイン)」のところでできます。

また、初期設定で「Only Show a few items」(12個以上は表示しない)がONになっているときがありますが、そのチェックはOFFにしておいたほうがよいでしょう。

なお、最新のものが上に来てほしい場合は右のエリアの上にあるタブの「Options」(オプションズ)の「SORT」(ソート)のところで変更できます。

それでは、設定画面を1つひとつ見ていきます。

下図は「ホーム」タブの「Image」(イメージ)の設定画面です。「Data」(データ)の「Image」(イメージ)に、使用したい画像の公開リンクを記入します。

下図は「ホーム」タブの「いま避難所に必要なモノ」の「Inline List」（インラインリスト）の設定画面です。

「Inline List」（インラインリスト）の設定の続きです。

下図は「ホーム」タブの「Separator」（セパレーター）の設定画面です。

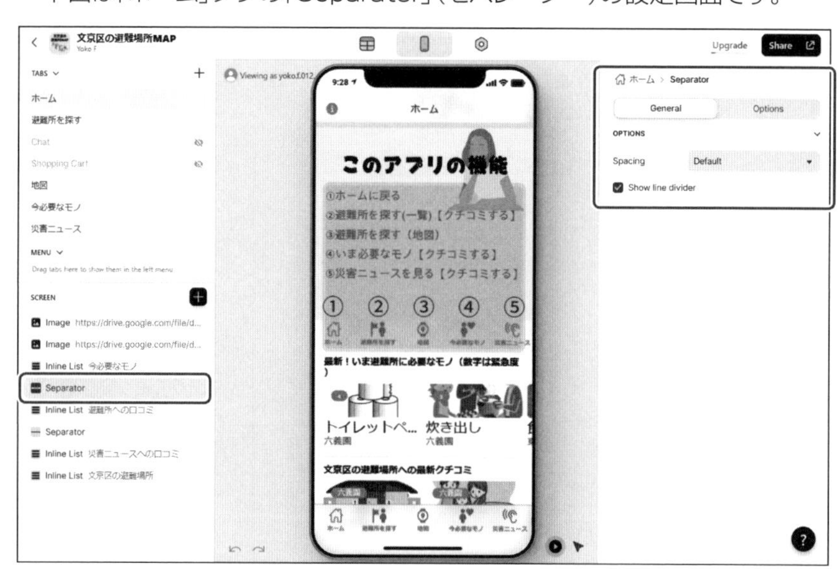

「避難所を探す」タブを作成する

次に、左から2番目の「避難所を探す」タブを作っていきます。

◆「避難所を探す」の画面構成（全体像）

「避難所を探す」タブの画面と設定は下図の通りです。「STYLE」（スタイル）は「List」（リスト）にしました。避難所名と住所が一覧にしたときにひとめでわかるので便利です。

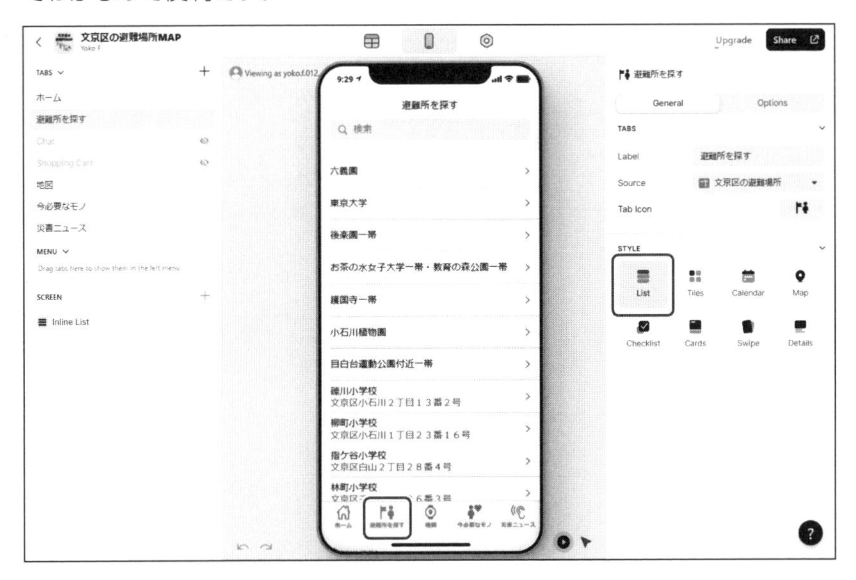

下図は「避難所を探す」の検索の一例です。住所の一部にその言葉が入っていると検索できます。左側の「Inline List」をクリックして、中身を編集していきます。

「検索窓」を出す設定は、一番右のエリアの上部のタブ「Options」(オプションズ)のところにある「Show search bar」(ショウサーチバー)をONにするだけです。

◆「避難所を探す」タブの詳細画面の構成(全体像)

「避難所を探す」タブの「避難所名」をクリックすると出てくる「避難所の詳細画面」の全体像の設定です。ここの「Form Button」(フォームボタン)の中身については、後ほど解説します。

「避難所の詳細画面」の全体像の続きです。

◆「避難所を探す」タブの詳細画面の設定(各コンポーネントの設定)

「避難所を探す」タブのコンポーネントは上から順に次のようになっています。

❶ Image(イメージ)
❷ Text(テキスト)
❸ Action Text(アクションテキスト)
❹ Rich Text(リッチテキスト)
❺ Basic Table(ベーシックテーブル)
❻ Map(マップ)
❼ Form Button(フォームボタン)
❽ 1つ目のInline List(インラインリスト)
❾ 2つ目のInLine List(インラインリスト)
❿ 3つ目のInLine List(インラインリスト)

各コンポーネントの設定を、上から順に見ていきましょう。

一番上は「Image」(イメージ)です。これは「ホーム」画面の設定にてお話ししましたので割愛します。

2番目は「Text」(テキスト)です。設定は下図の通りです。

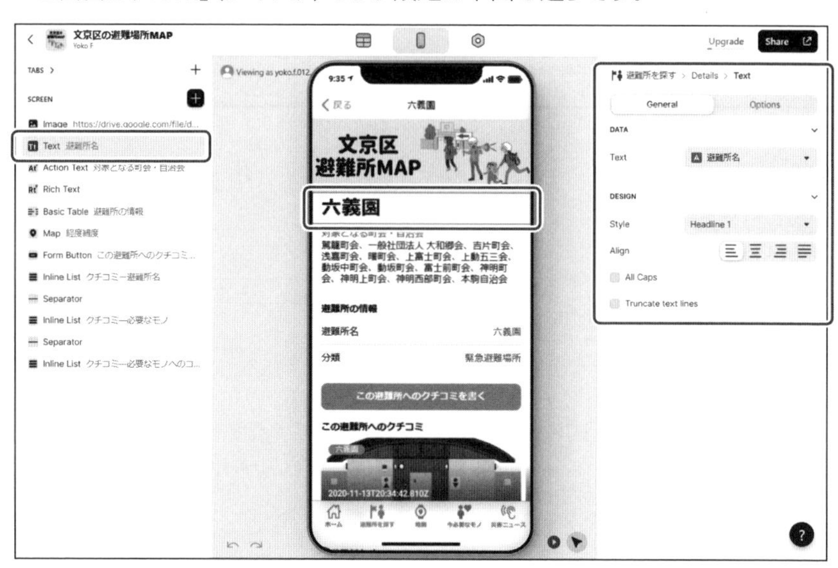

次は「Action Text」(アクションテキスト)です。設定は下図の通りです。

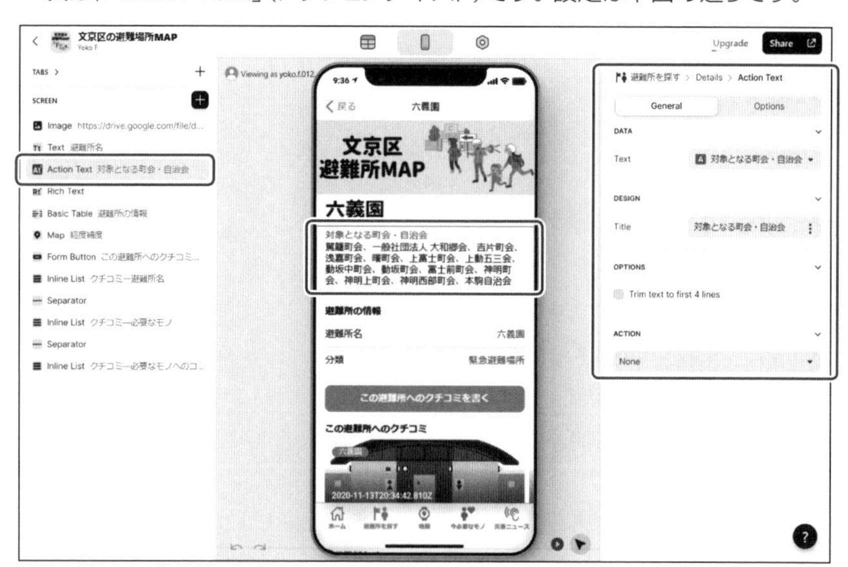

その次は「Rich Text」(リッチテキスト)です。下図は「Rich Text」(リッチテキスト)で空白を作るための設定です。空白は「Separator」(セパレーター)でも作れますが、このような方法もあります。

その次の「Basic Table」(ベーシックテーブル)の設定は下図の通りです。

「Map」（マップ）の設定は下図の通りです。スプレッドシートの「経度緯度」で設定するので、そこが空白の場合は表示されません。

「Form Button」（フォームボタン）の設定は下図の通りです。

「Form Button」（フォームボタン）はその名の通りクリックすると「フォーム」が現れます。しかし自動で現れたフォームの「初期設定」のままでは、自分の得たい情報がきちんと取得できないので、後ほどすべて消して設定し直します。今はタブの全体を設定している段階ですので、フォームの中身はひとまず置いておきます。

次の「この避難所へのクチコミ」は「Inline List」（インラインリスト）で作成します（1つ目の「Inline List」（インラインリスト））。インラインリストはとても便利なコンポーネントなので、慣れておくとよいでしょう。

次ページの図は1つ目の「Inline List」（インラインリスト）の設定の続きです。「DESIGN」（デザイン）のところは、単なる「見た目」なので、見本のように作ってもいいですし、お好きなデザインに変えられても問題ありません。ただし、「ユーザーが使いやすいだろうな」と思うデザインにしてくださいね！

2つ目の「InLine List」（インラインリスト）は「いま必要なモノ」です。設定は下図の通りです。

下図は2つ目の「InLine List」(インラインリスト)の設定の続きです。

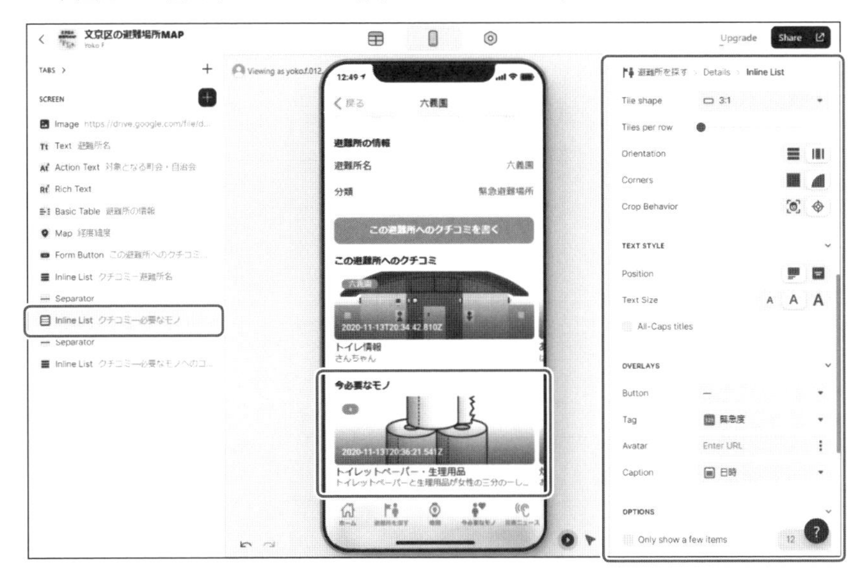

3つ目の「InLine List」(インラインリスト)は「いま必要なモノへのコメント」です。設定は下図の通りです。

下図は3つ目の「InLine List」(インラインリスト)の設定の続きです。

ここまでで「避難所を探す」の詳細画面の設定が完成したと思います。

なお、以後、誌面の関係上、一度説明をしたものについては詳細な説明を省くことがあるので、ご了承ください。

それでは、先ほど飛ばしました「Form Button」(フォームボタン)の設定をしていきます。

「この避難所のクチコミを書く」の「Form Button」の詳細設定

「Form Button」(フォームボタン)をクリックすると、初期設定のままのフォーム内容が入っていると思いますが、まずはこれらをすべて削除します。そして白紙の画面からフォームの中身を作っていきます。

◆「この避難所へのクチコミを書く」の「Form Button」の全体像

「この避難所のクチコミを書く」の「Form Button」(フォームボタン)を押すと出てくる設定画面の構成です。初期設定はすべて削除して、ゼロから自分で作ります。

この「フォーム」のポイントは「COLUMNS」(カラム)という領域です。この「COLUMNS」は実際にユーザーが手入力しなくても自動で設定される、というものになります。

中央部のスマホの画面では次の4点しか入力項目がありません。

- タイトル
- クチコミを書く
- ニックネーム
- 画像

しかし、左側のエリアを見ると、下部に「COLUMNS」(カラム)というコンポーネントが入っていることがわかります。ここで「避難所名」と「日時」のカラムを選択しておくと、その2項目が自動で入力される設定となります。スプレッドシートを見ると、きちんとその2つのデータが入っていることがわかります。

それでは、上から順に設定してまいりましょう(コンポーネンツの並びは、いつでもドラッグ&ドロップで上下を変更できます)。

◆「この避難所へのクチコミを書く」の「Form Button」の詳細設定

フォームの「タイトル」は「Text Entry」（テキストエントリー）で作成します。設定は下図の通りです。

フォームの「クチコミを書く」と「ニックネーム」は、上記の「タイトル」の設定を参考にして作ってみてください。

「画像」とあるところは「Image Picker」（イメージピッカー）です。設定は下図の通りです。

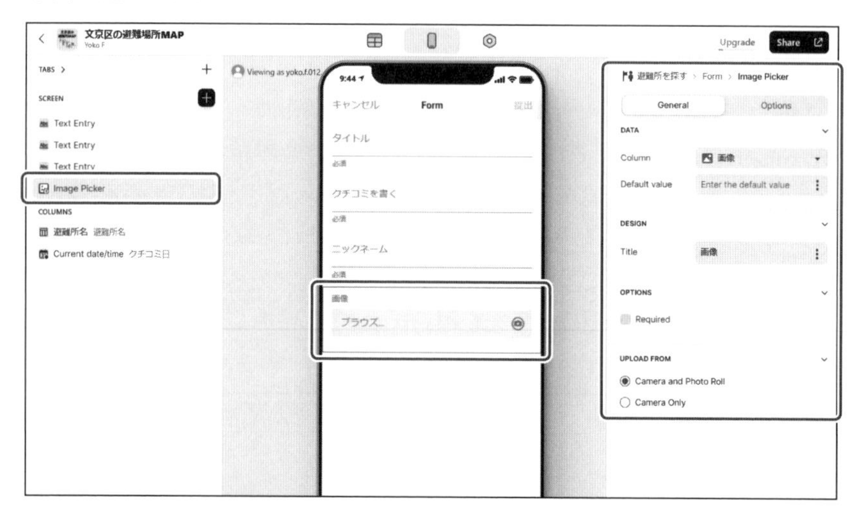

下図はフォームの「COLUMNS」(カラム)の設定です。このカラムは日時を自動で入れます。

下図の「COLUMNS」(カラム)は避難所名を自動で入れます。設定は下図の通りです。

ここまでで「Form Button」(フォームボタン)の中身が完成です。実際にテストデータを入力して、その結果がスプレッドシートに正しく入っているかをチェックしましょう。

「COLUMNS」(カラム)で入れた日時や避難所名は正しく入っていますか?

別の避難所のところにデータが間違って入っていませんか? その場合は「Data」(データ)の「Relation」(リレーション)の設定が間違っていたり、この「Form Button」(フォームボタン)の設定が間違っていたりします。

スプレッドシートのデータは製作者であればいつでも変更・削除できるので、いろいろと試してみましょう。

「地図」タブを作成する

次に作るのは、「地図」タブの中身です。

◆「地図」の詳細画面の設定(全体像)

いざというときに、避難所の場所がビジュアルで見られるとうれしいですよね。この地図上の矢印をタップすると、自分の現在地が表示されます。

下図は、下のタブの真ん中の「地図」の設定画面です。このタブのレイアウトは「Map(マップ)」です。前述していますが、この地図を正確に出すには「経度緯度」が必要になります。

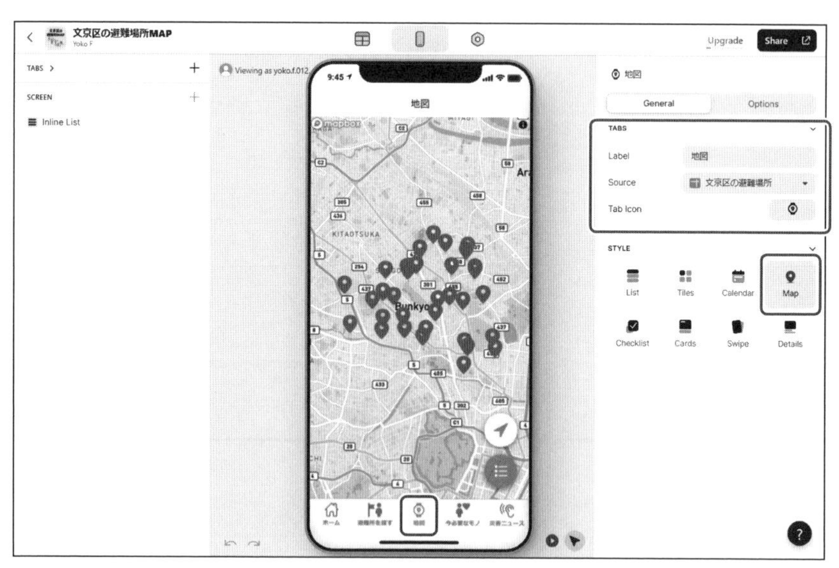

「いま必要なモノ」タブを作成する

次は、「いま必要なモノ」タブを作ります。

◆「いま必要なモノ」の詳細画面の設定(全体像)

「いま必要なモノ」タブの構成です。「Components」(コンポーネント)は3つだけのシンプルな作りです。この設定はすぐにできるか思うので、早速「Form Button」(フォームボタン)の中身を見ていくことにします。

◆「いま避難所に必要なモノを書く」の「Form Button」の全体像

まずは「Form Button」(フォームボタン)の全体の作りを見ていきます。下図は「いま必要なモノ」のところの「Form Button」(フォームボタン)の設定画面です。

ここにも「COLUMNS」(カラム)が使われていることに注意してください。

前述の通り、「COLUMNS」(カラム)は設定したカテゴリを裏で自動で入力してくれる、という機能です。ユーザーが「手入力しなくてよい」という、とても大きなメリットがあります。アプリを多くの方に使ってもらうには、できるだけユーザーの面倒な手間を省いてあげることが大事だからです。

「いま必要なモノ」の「クチコミ」の詳細画面の設定

この「いま必要なモノ」の詳細画面の中に、もう1つ「Form Button」(フォームボタン)が設置されています。『コメント「この避難所に○○届けます」』というフォームですね。階層のすべてに気を配りながらアプリを作成していきましょう。

◆「いま必要なモノ」のクチコミの詳細画面の全体像

「いま必要なモノ」のクチコミの詳細画面の設定です。

この詳細画面には、さらにコメントへの『コメント「この避難所に○○届けます」』という「Form Button」(フォームボタン)と、その下に「Inline List」(インラインリスト)で「この避難所に○○届けます」の一覧が並びます。

なお、この一覧はおのおのの「必要なモノ」に対してではなく、「その避難所に○○届けます」というものになります。

「いま避難所に必要なモノを書く」の「Form Button」の詳細

それでは「Form Button」（フォームボタン）の詳細設定を見ていくことにしましょう。

下図は「Form」（フォーム）の「Choice」（チョイス）の設定です。

下図は「Form」（フォーム）の「Rating」（レーティング）の設定です。

下図はForm（フォーム）の「Phone Entry」（フォンエントリー）の設定です。

「必要なモノへのコメント「避難所に○○届けます」」の画面構成

「Form Button」(フォームボタン)があるということは、フォームを送った先の画面があるということです。フォームで送ってもらったデータを見ることのできる画面を作っていきましょう。

◆『必要なモノへのコメント「避難所に○○届けます」』の詳細画面設定

「必要なモノへのコメント」の詳細画面の設定です。

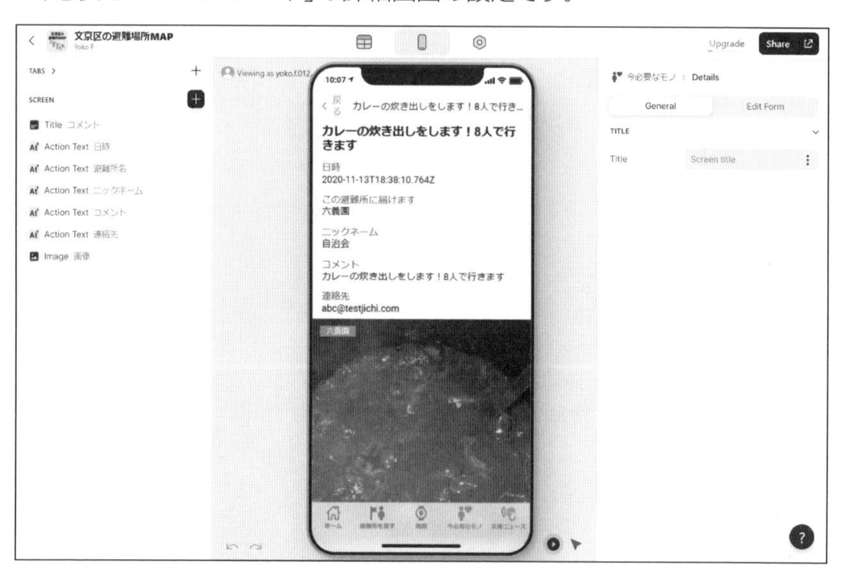

こちらも初期設定のComponentsをすべて削除して、白紙から作っていきます。そろそろ「コンポーネント内容を見れば、設定方法はわかる」という段階になってきたと思いますので、(ページ数の関係もあり)細かな設定内容については割愛いたします。

「必要なモノへのコメント」の「Form Button」の詳細設定

『「必要なモノへのコメント「避難所に○○届けます」』のフォームの中身は下図のようになります。

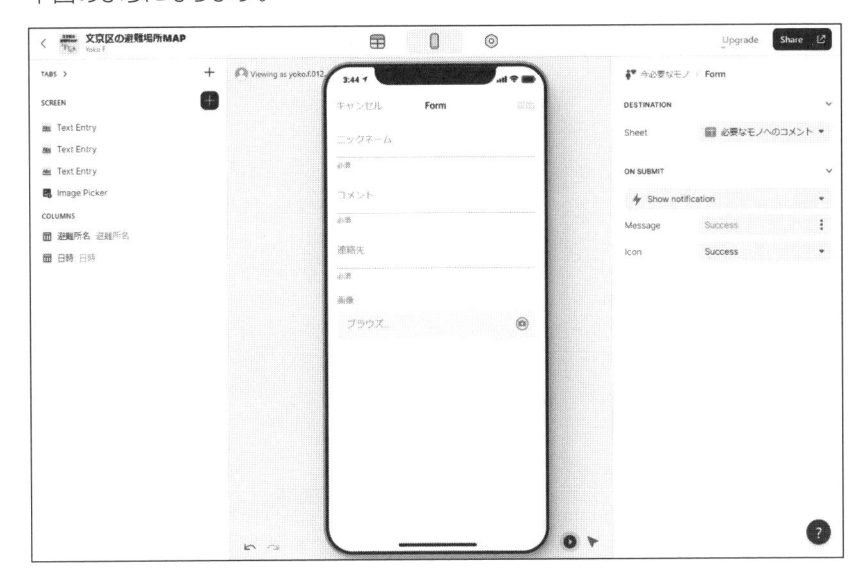

下図はフォームの「タイトル」として作成した「Text Entry」(テキストエントリー)の設定です。これを参考に、他の「Text Entry」(テキストエントリー)も作ってみてください。

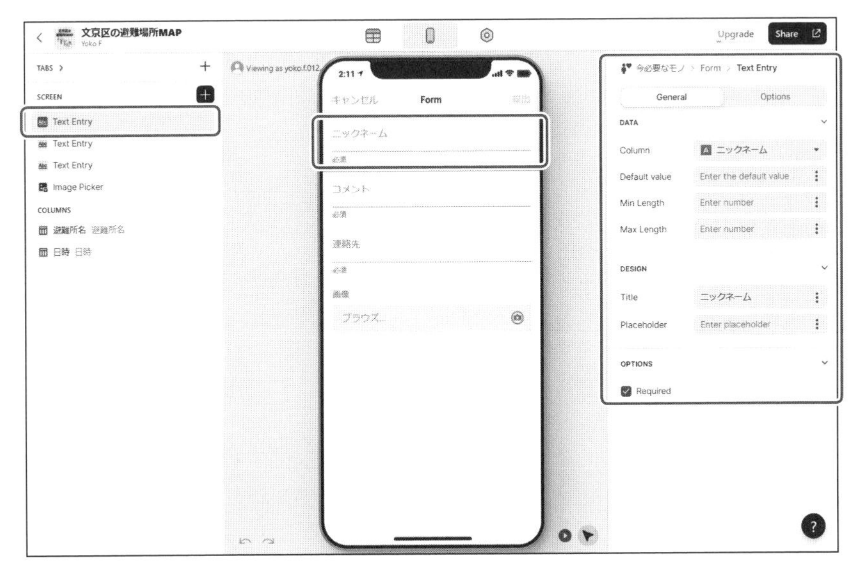

フォームの「画像」の部分にあたる「Image Picker」(イメージピッカー)の設定は下図の通りです。

避難所名を自動で入れる「COLUMNS」(カラム)の設定は下図の通りです。

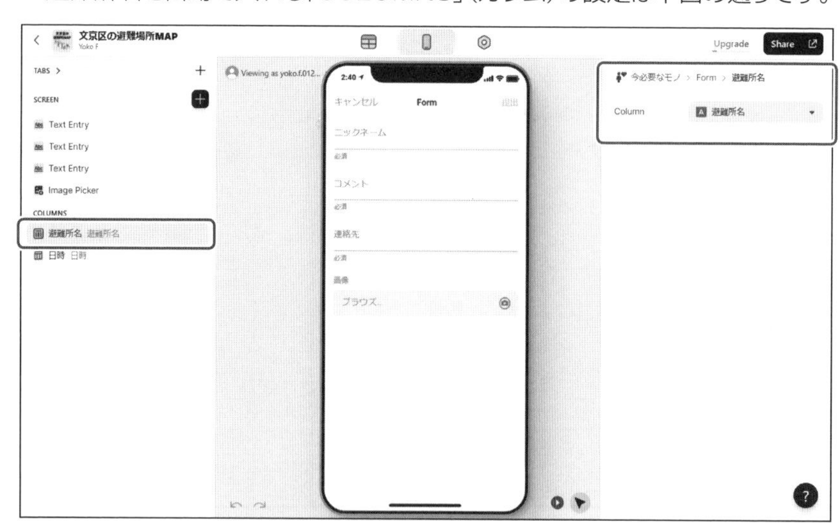

日時を自動で入れる「COLUMNS」(カラム)の設定は下図の通りです。

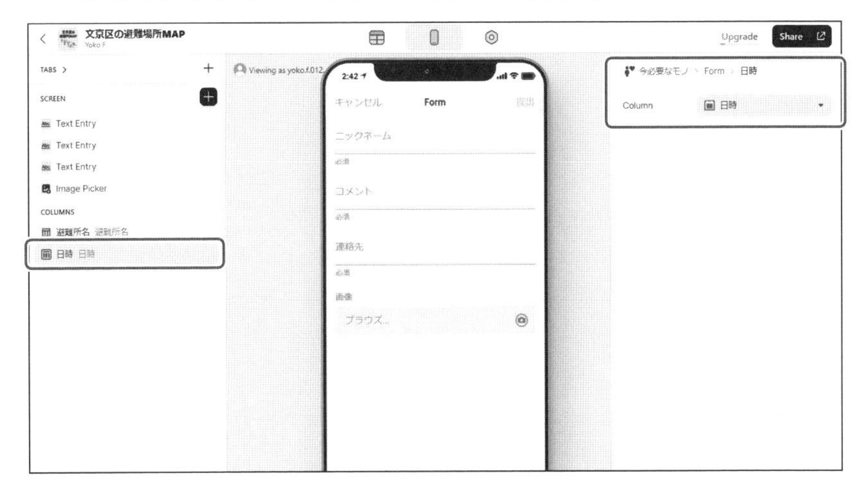

「災害ニュース」タブを作成する

最後に、「災害ニュース」タブをつくります。

◆「災害ニュース」タブの画面設定(全体像)

「災害ニュース」タブも「STYLE」(スタイル)の「Ditails」(ディティール)で、初期設定の「SCREEN」(スクリーン)の中身はすべて削除してから4つのコンポーネントを設定します。

こちらも、お手元のスマートフォンに追加された「実際のお手本アプリ（文京区の避難所MAP）」を触りながら、「Image」（イメージ）や「Inline List」（インラインリスト）などを設定してみましょう。「どんな構成がよりよいかな?」と自分の頭で考えることがアプリ制作では必要なので、その練習にもってこいです。

◆「災害ニュース」タブの詳細画面の設定

「災害ニュース」タブの画面に並んでいるニュース元（たとえば「気象庁」など）をクリックしたら出てくる画面が「詳細画面」です。下図はその詳細画面の設定です。

基本データの下に「この災害ニュースへのクチコミ」の「Form Button」（フォームボタン）を設定し、その下に「Inline List」（インラインリスト）でクチコミの一覧が並ぶ仕様です。

この画面はシンプルなので、早速、詳細画面の設定を説明しましょう。

下図は「Title」(タイトル)の設定画面です。

下図は「Link」(リンク)の設定です。

◆「災害ニュースへのクチコミ」の「Form Button」の全体像

下図は「災害ニュースへのクチコミ」の「Form Button」(フォームボタン)の設定画面です。

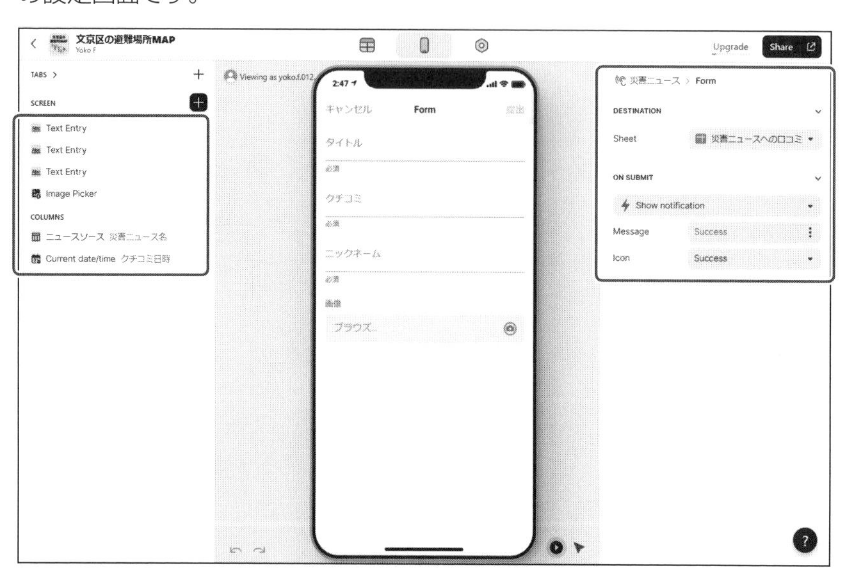

このフォームの設定画面でも「COLUMNS」(カラム)があることに注意しましょう。あとは実際のアプリを触りながら、「これかな? あれかな?」と考えながら作ってみましょう。なにより想像力を働かせながら、自分の頭で考えていくことが大切です。

◆「災害ニュース」へのクチコミの詳細画面の設定

下図は災害ニュースのクチコミの詳細が見れる画面の設定です。ここもシンプルな作りなので、少し考えたら設定ができると思います。

ここまででですべての画面が作れました。この後は動作テストをして公開します。

SECTION 19 すべての画面の動作テストをしよう

ここまでで必要な画面はすべて設定できたと思います。エディター中央部右下の「プレイモード」で、すべての画面をチェックしてみてください。抜け・漏れやバグがないか確認しましょう。

また、公開前に、テストしましょう。すべてのフォームに異なる、わかりやすいデータを入れて送信してみましょう。1つではなく、それぞれのフォームに複数回異なるデータを入れて送信してください。

思ったところに、きちんとテストデータは入っているでしょうか。予想外のところにテストデータを見つけた場合は、上部の「Data」（データベース）の設定が間違っていたり、「COLUMNS」（カラム）の設定が間違っていたりします。また、「スプレッドシートのタブ」をきちんと設定していないと、情報が選択できない原因になります。

公開設定をしよう

公開前のチェックが終わりましたら、いよいよ公開（パブリッシュ）です。その前に「公開設定」をしておきましょう。

上部のエリアの六角形マークをクリックして「Settings」（設定）を開きます。そこにある「App Info」を開いて「ICON」（アプリのアイコン画像）と「Name」（アプリの名前）と「Author」（制作者名）を設定します。

アプリの名前は、初期設定では「スプレッドシート」のタイトルに、制作者名は「Googleアカウントの表示名」になっているので、変更したい場合は変更しておきましょう。

この設定ができた後は、「Settings」（設定）にあるさまざまな設定項目を1つひとつ開きながら眺めてみるとよいでしょう。次回作のインスピレーションが湧くかもしれません。

ただし、今回触るのは、上記の「App Info」(アップインフォ)と「Appearance」(アピアランス)で色を変えるくらいにしておきましょう(「Privacy」(プライバシー)などを変えると、ユーザーがログインしなくてはならなくなったりするので、今回作成する「避難所MAP」では控えておいたほうがよいでしょう)。

テストもできた、アプリ情報も完成となったら、いよいよアプリを公開しましょう!

SECTION 21 作ったアプリを公開しよう

いよいよ、アプリの公開手順です。

公開方法

まずは公開(パブリッシュ)は、画面右上にある「Publish」(パブリッシュ)ボタンをクリックして実行します。その後に表示される画面で「Publish app」ボタンをクリックしてしばらく待ちます。

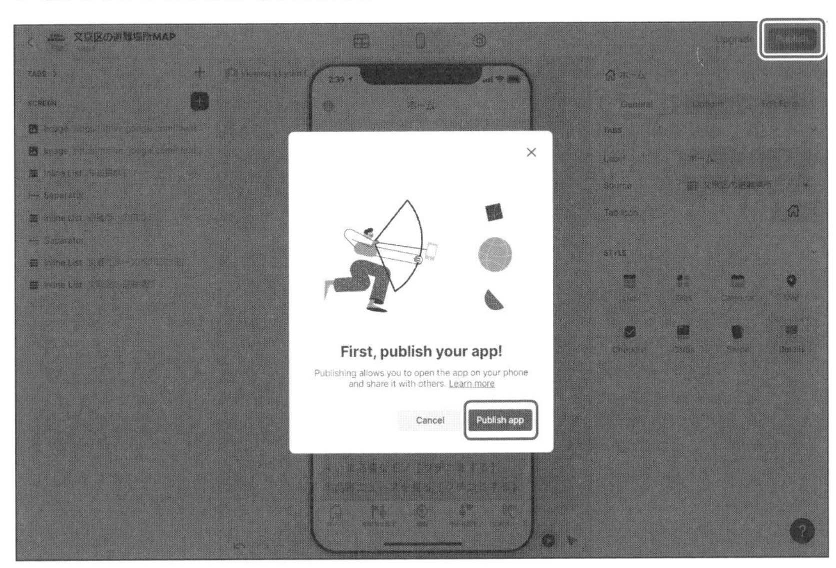

しばらくすると次の画面が表示されるので、「APP LINK」に好きなURLを英数字で入れましょう。アプリのURLは「glideapp.io」の前の部分は、自身で設定可能です。ここでは「https://hinanjyo-tokyobunkyo.glideapp.io/」と設定してみました。

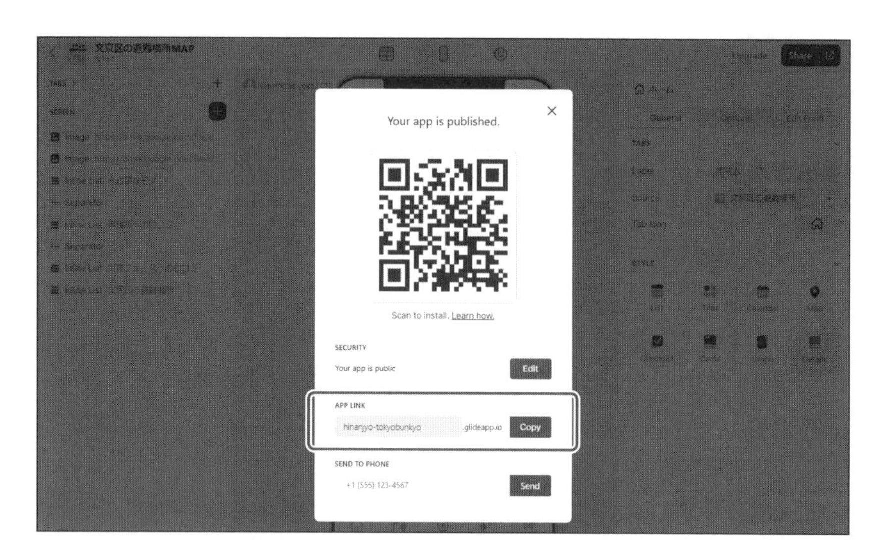

これで「お好きな地域の避難所MAP」の完成です。おめでとうございます。そして、お疲れさまです!

この画面に出るQRコードやリンクを友人知人に送って、作ったアプリを使ってもらいましょう。

そして、「全国避難所マップ」に作成者名とともに登録して、たくさんの方に使ってもらいましょう。

「全国避難所MAP」に登録する

下記のQRコードやURLから「全国避難所MAP」をお手持ちのスマートフォンの「ホーム画面に追加」して、そこにあるフォームボタンから作成した「お好きな地域の避難所MAP」のURLを製作者名や連絡先、コメントとともに送信しましょう。

URL https://hinanjyo.glideapp.io/

すると全国の避難所MAPが皆さまひとりひとりのお力によって、少しずつ完成していきます。地元や出身地、ゆかりの地域や日本中の方々の役に立てるとともに、制作者への「リンク集」にもなる仕様なので、アプリ制作者としての第一歩をここから踏み出すこともできるでしょう。

筆者もこの「全国避難所MAP」を毎日眺めながら、避難所MAPと製作者が少しずつ増えていくことを、心より楽しみにしています。

CHAPTER 3

Adaloを使ってみよう

Adaloとは

Adaloは、ドラッグ&ドロップで部品を置いてアプリの見た目を作り、簡単な設定でアプリに動きを付けら、データベースと連携することでアプリを作れるノーコードツールです。

▼Adaloのキャンバス画面

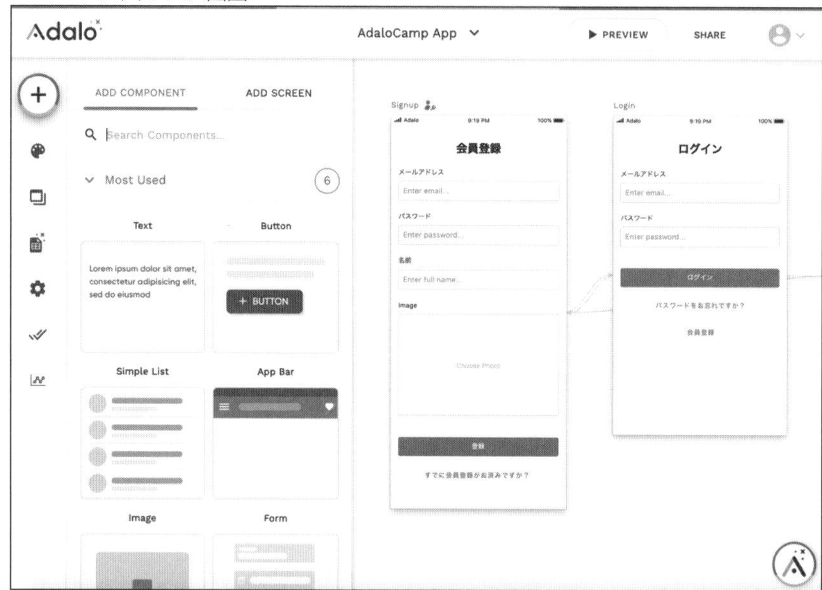

他のノーコードツールとは違う、Adaloの特徴は次のものが挙げられます。

- **Webアプリだけでなく、ネイティブアプリも作成可能**
- **コンポーネント(アプリの部品)が豊富に用意されており、最初から整ったUI(User Interface:見た目)のアプリを作れる**
- **外部サービス(API)を使いこなせるようになると、一気に機能面での表現が広がる**

さらに「ノーコードツールに用意されている機能・UIしか実装できない」という、ノーコードのデメリットをカバーできるサービス(Adaloマーケットプレイスコンポーネント)が2020年8月に追加されました。Adaloマーケットプレイスコンポーネントとは、React Native(JavaScript)を使用し、オリジナルコンポーネントを自作できる機能です。

このようにAdaloは「自由度と制約」のバランスがとれており、Adalo自体のUIも洗練されたノーコードツールです。これから一緒にAdaloで、アプリを作れるようになっていきましょう!

Adalo公式サイト・SNS・料金プラン

Adalo公式サイトページ・SNSで、特に要チェックなページを紹介します。

Adalo公式サイトのトップページ

Adalo情報の丁寧な掲載は、公式に勝るものはありません。これから順番に紹介していきます。リンクの場所がわかりにくいものもありますが、下記のページを押さえておけば、一通りOKです。

URL https://www.adalo.com/

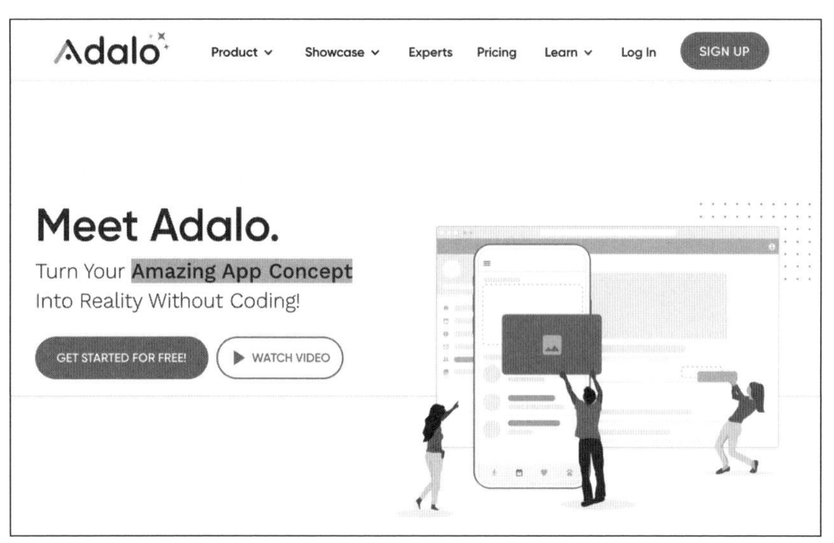

料金プラン

Adaloの料金プランの表示は少し理解しにくいです（抜け落ちている情報もあります）。サイトに記載されていない内容も補足しつつ解説します。

基本的にはじめはExploreプラン（無料）のまま使い、Proプラン・Businessプラン（いずれも有料）の特典が必要になった際に課金という流れで問題ありません。たとえば、ネイティブアプリ化したいと考えていても、最初からProプランに入る必要はありません。アプリリリースの申請時などのタイミングからでも大丈夫です。

URL https://www.adalo.com/pricing 

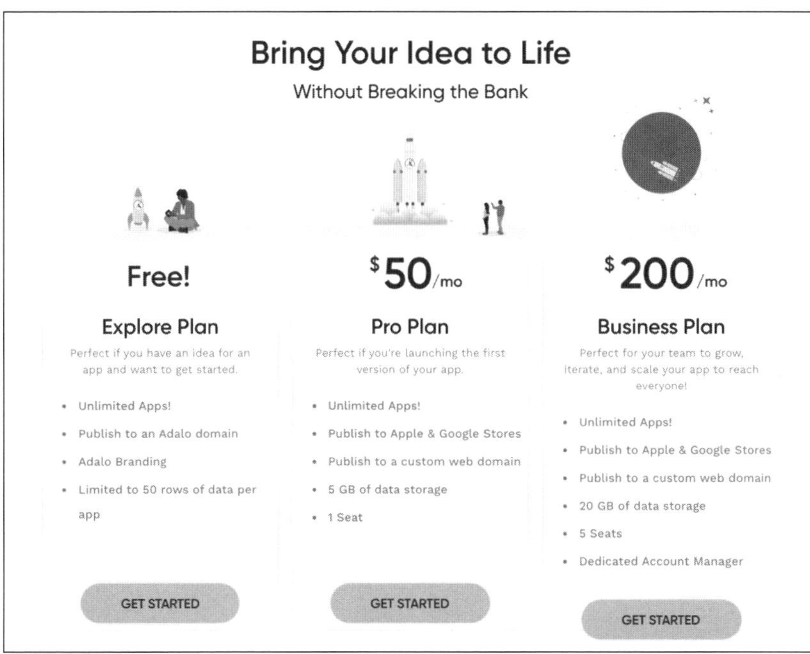

内容/プラン	Explore Plan	Pro Plan	Business Plan
料金	Free	50USドル/月	200USドル/月
作れるアプリの数 無制限	○	○	○
Adalo指定のドメイン	○	○	○
アプリプレビュー時の、Adaloのロゴ削除	×	○	○
データベースレコードの数の制限解除(50レコード)	×	○	○
ネイティブアプリ化	×	○	○
独自ドメインの指定	×	○	○
APIによるCustom Actionや、airtable(データベース)の接続	×	○	○
専属の、Adaloによるサポートサービス(メール対応)	×	×	○
複数アカウントによる共有(5人まで)	×	×	○

Adaloで作られたアプリ一覧

Adaloで作られたアプリが展示されています。カテゴリ別にネイティブ化されたアプリも含めて紹介されています。

URL https://www.adalo.com/made-in-adalo

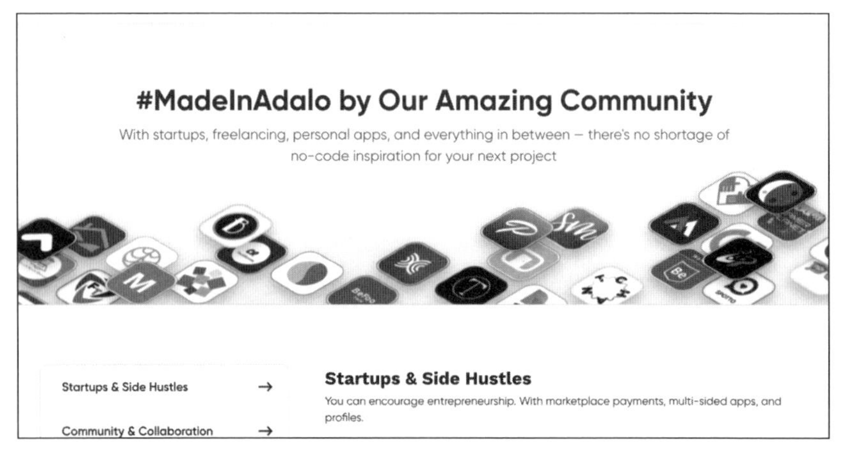

アプリテンプレート一覧

Adaloのアプリテンプレートをクローン（コピー）してから、アプリを作り始めることができます。

URL https://www.adalo.com/app-templates

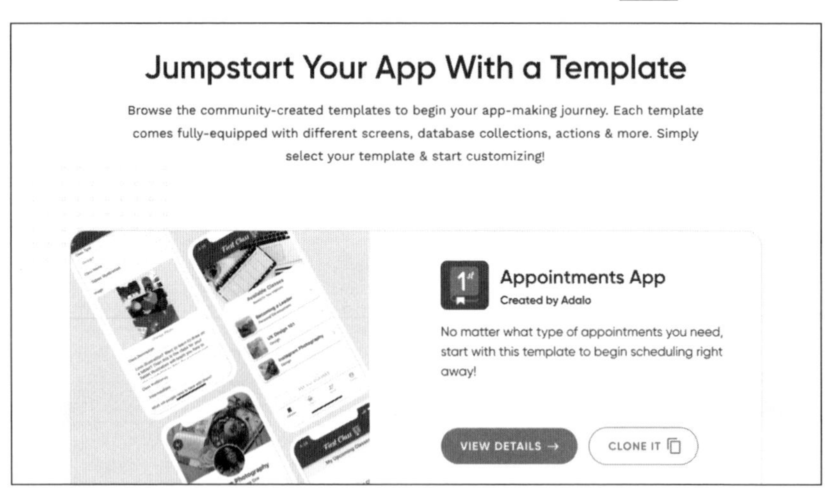

Facebookクローンは、筆者(近藤由梨)が作成したものです。

URL https://www.adalo.com/cloneables/facebook-clone

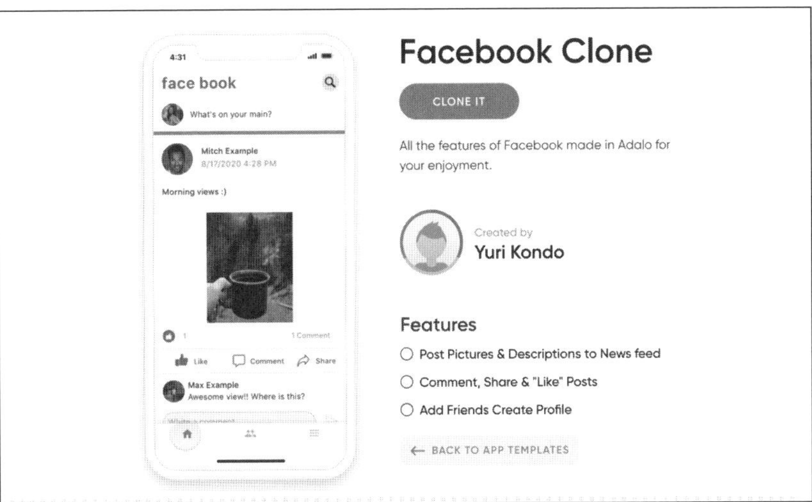

クローンできるキット一覧

下記のページではアプリの一部の機能に特化したキットを、クローンできます。

URL https://www.adalo.com/cloneable-kits

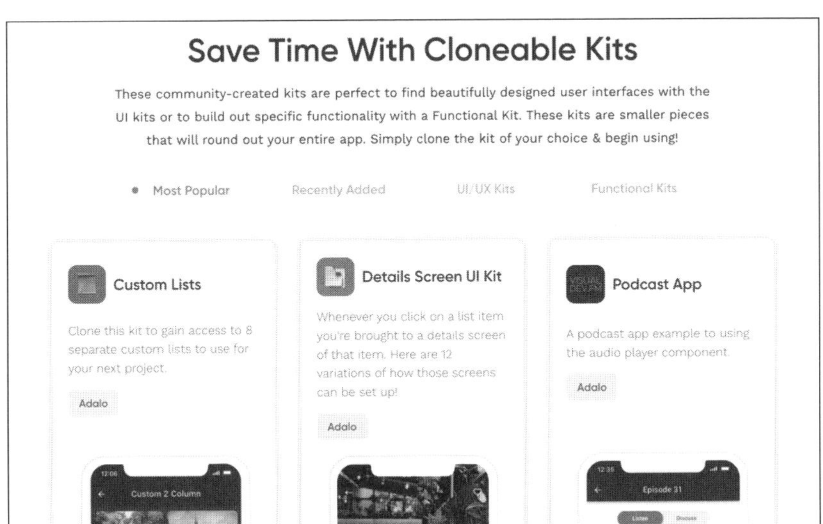

アプリ作成のドキュメントマニュアル

公式のアプリ作成のドキュメントは下記のページです。

URL https://help.adalo.com/

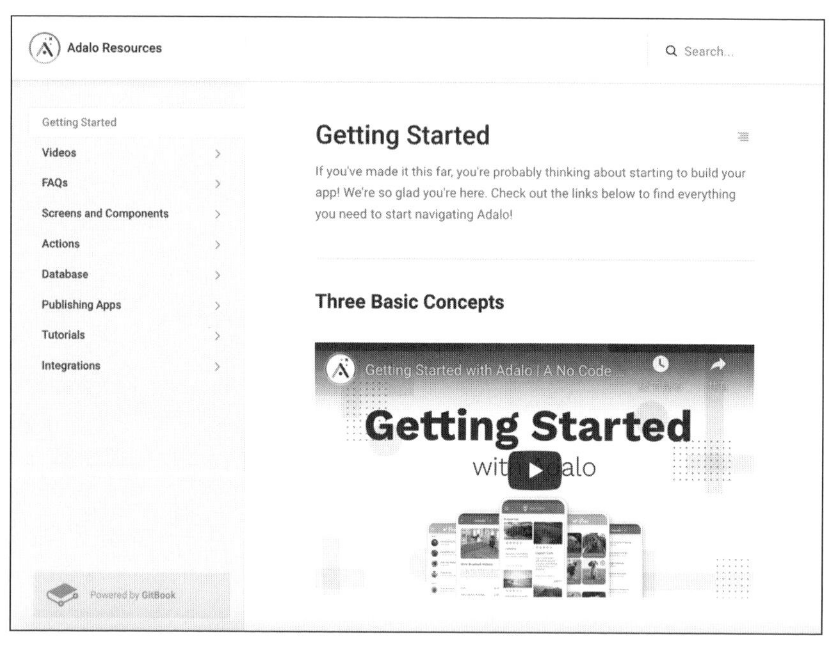

質問フォーラム

英語で質問を投げれば、Adalo内の社員の方を含め、回答してくれます。検索エンジン（Google検索など）で検索するより、このForum内で検索した方が、ヒットしやすいです。

URL https://forum.adalo.com/

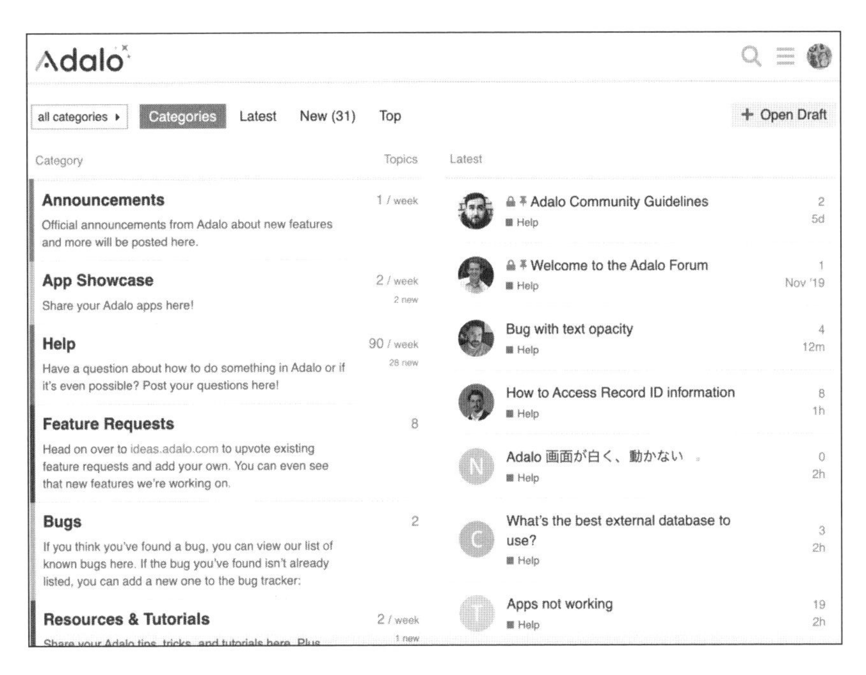

コンポーネントマーケットプレイスの紹介ページ

Adaloのアプリ内で使えるコンポーネントを、一覧で表示しています(マーケットプレイスと書かれていますが無料で使えます)。

URL https://www.adalo.com/marketplace 

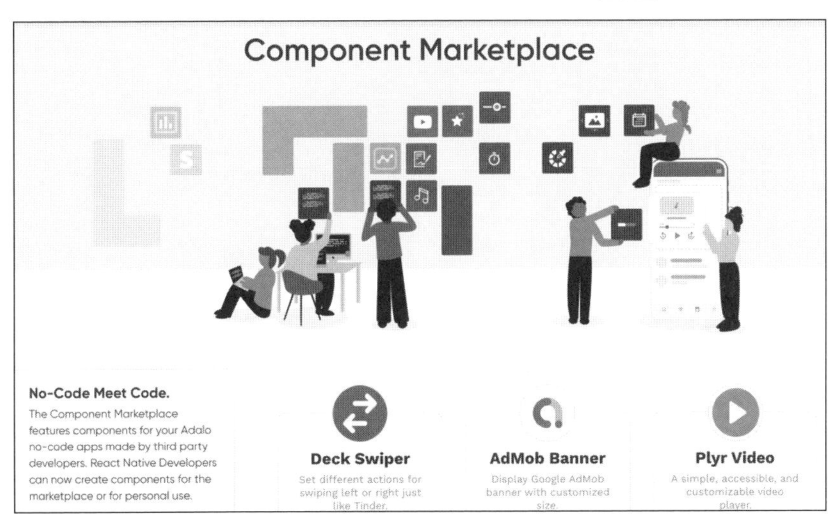

ブログページ

アプリ作成全般の情報記事やAdaloに関する記事などが、掲載されています。

URL https://www.adalo.com/blog

Adaloのアップデートの計画状況

Roadmapには「Planned」は予定、「In Progress」は進行中、「Complete」は完了したAdaloのアップデートなどが表示されています。投票数が多いものほど優先してアップデートされていくので、欲しい機能などがあれば投票しておきましょう（会員登録した上で左の三角マークを押すと投票できます）。

URL https://adalo.canny.io/

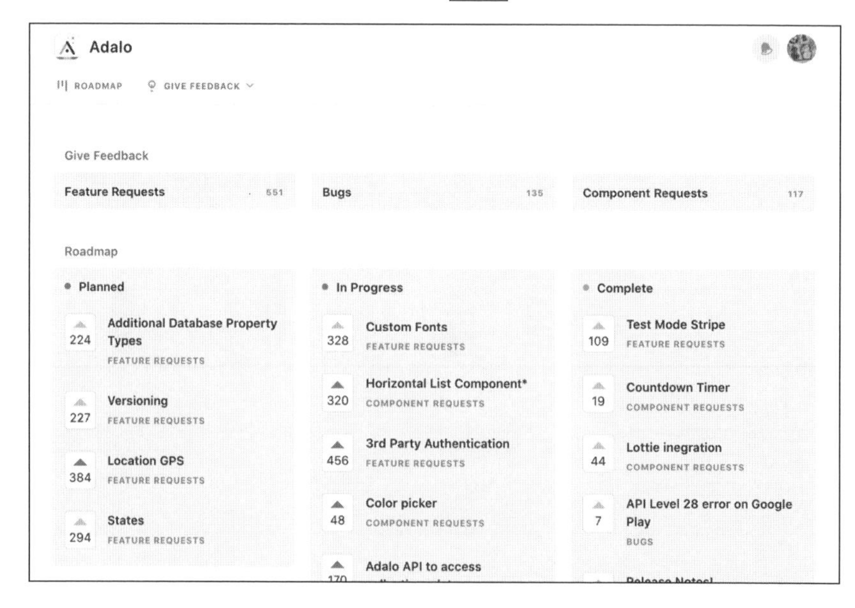

コンポーネント開発者向けのドキュメント

こちらはエンジニアの向けです。ノーコードだけでもアプリは作れますが、自作でコンポーネントを作りたい方はこちらのドキュメントを参考にしましょう!

URL https://developers.adalo.com/docs/basics/introduction

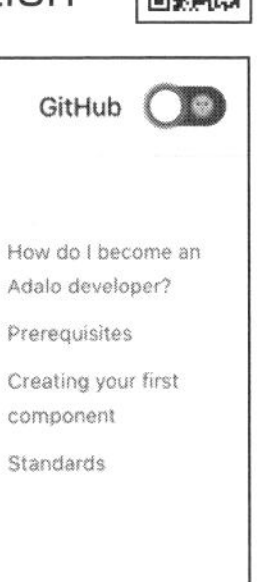

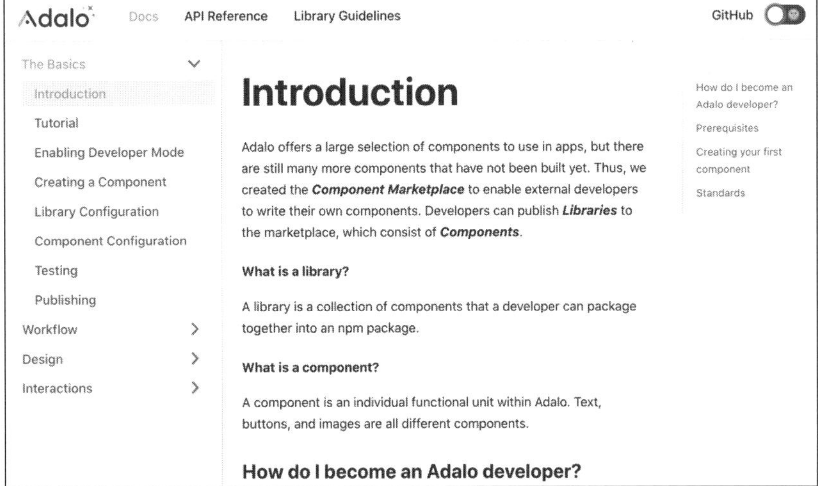

コンポーネント開発者向けのGitHub

同じくエンジニア向けです。

URL https://github.com/AdaloHQ

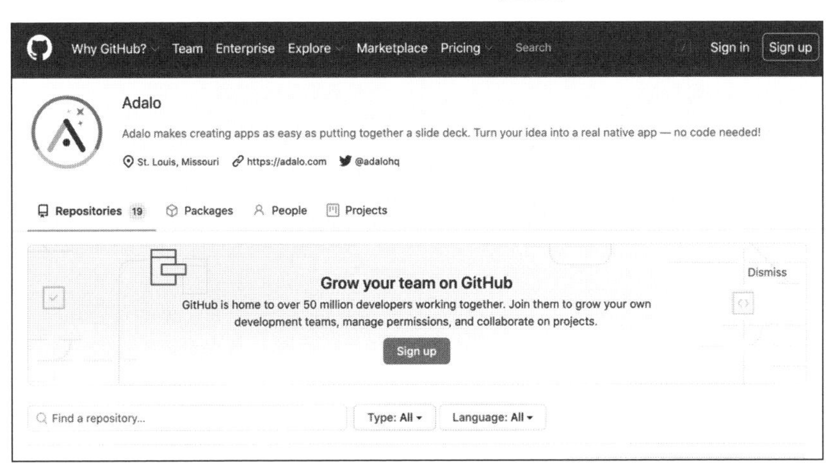

AdaloのSNS

Adalo公式のSNSは次の通りです。

◆ Twitter

AdaloのTwitter(@AdaloHQ)は下記になります。最新情報はこちらからチェックしましょう。

URL https://twitter.com/adalohq

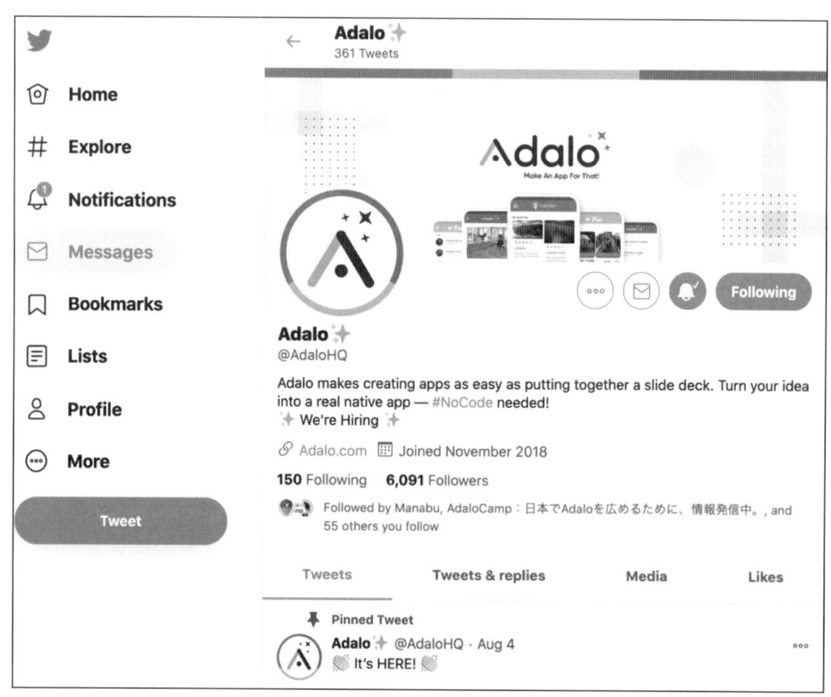

◆ YouTube

AdaloのYouTubeは下記になります。すべて英語での解説ですが、動画でAdaloの使い方を確認できます。

URL https://www.youtube.com/channel/UCy3qpkwqXcxgnLgmA_qbTpw

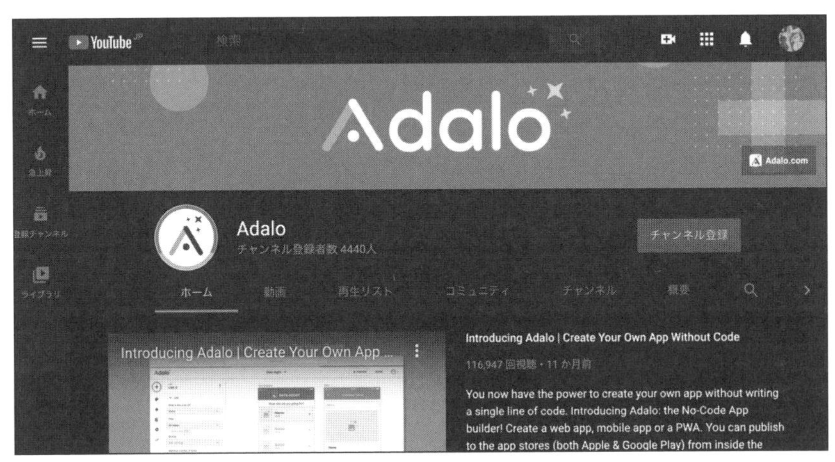

◆ Facebook

Twitterをフォローしておけば情報はキャッチできますが、Facebookを使っている方は下記もフォローしてみてください。

URL https://www.facebook.com/AdaloHQ/

SECTION 24 基本概念・各ツールの確認

Adalo内で使われている用語や名称を知っておくと、自分で検索して調べることができます。本書内でも使う用語なので暗記する必要はありませんが、ここでざっと確認をしておきましょう!

- **Adalo 公式ドキュメントマニュアル**

  URL https://help.adalo.com/

3つの基本概念

基本概念として押さえるべきところは3つです。

◆ Components(コンポーネント)

Components(コンポーネント)は、Adalo内で画面を作るための部品です。

◆ Actions(アクション)

Actions(アクション)は、コンポーネントをクリックしたとき・Screen(スクリーン)を移動したときなどに、アプリが何をするか(データベースにデータを入れる・Screenを移動するなど)を指定します。

◆ Database(データベース)

Database(データベース)は、Excelのスプレッドシートのような見た目です。データを入力してアプリ内で表示したり、アプリ内で入力されたデータを保存します。

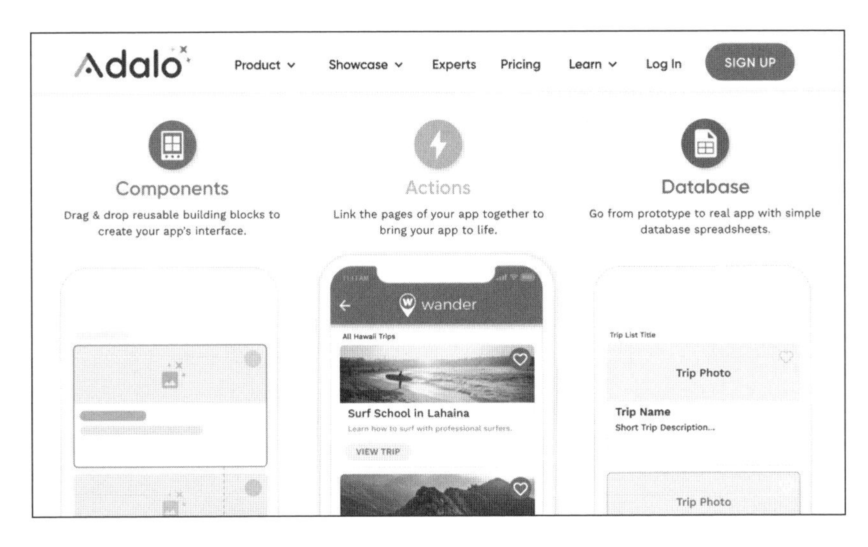

キャンバス内の各ツール

ここでは実際の画面をもとに、各ツールを見てみましょう。

◆Canvas(キャンバス)

Screenをデザインするワークスペース・エディターのことを、AdaloではCanvasと呼びます。

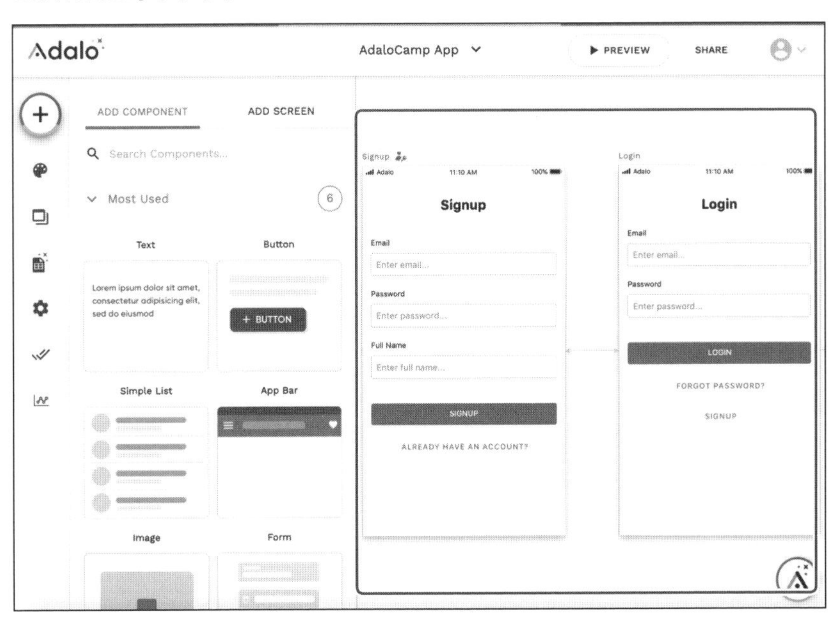

◆ Left Toolbar(レフトツールバー)

アプリ作成に必要なコンポーネント・設定などはLeft Toolbarを操作して行います。下記のものはLeft Toolbarにまとまっています。

◆ Add Panel(アドパネル)

Add Panelは、一番左上の+ボタンをクリックすると表示されます。CanvasにComponentやScreenを追加できます。

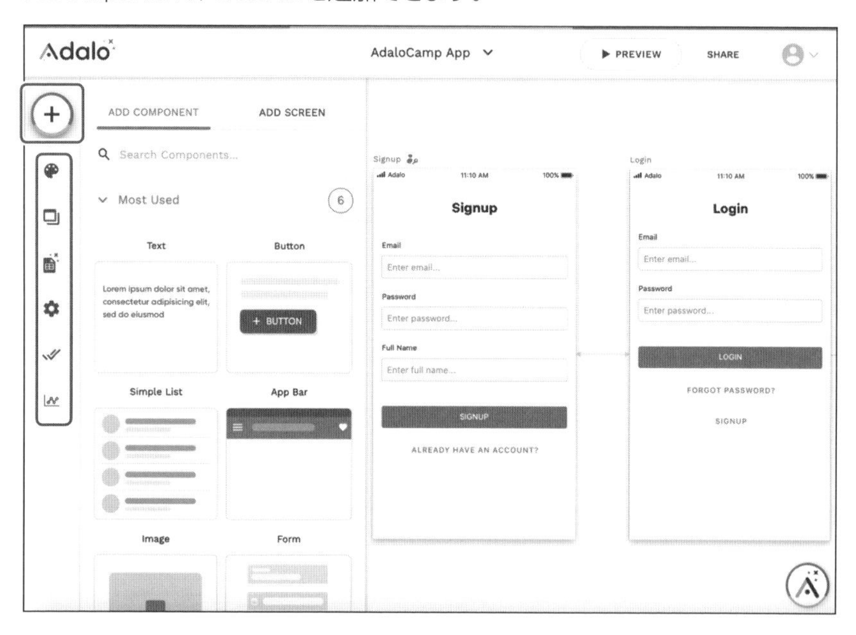

◆ Branding(ブランディング)

Brandingでは、次のカラーを設定できます。あとから変更もできるため、これらの色を変更するだけで一気にすべてのコンポーネント・Screenの背景色・テキストの色を変更できます。

- Primary Color(プライマリカラー)=メインカラー
- Secondary Color(セカンダリーカラー)=サブカラー
- Default Background Color(デフォルトバックグラウンドカラー)=背景色
- Default Text Color(デフォルトテキストカラー)=文字色

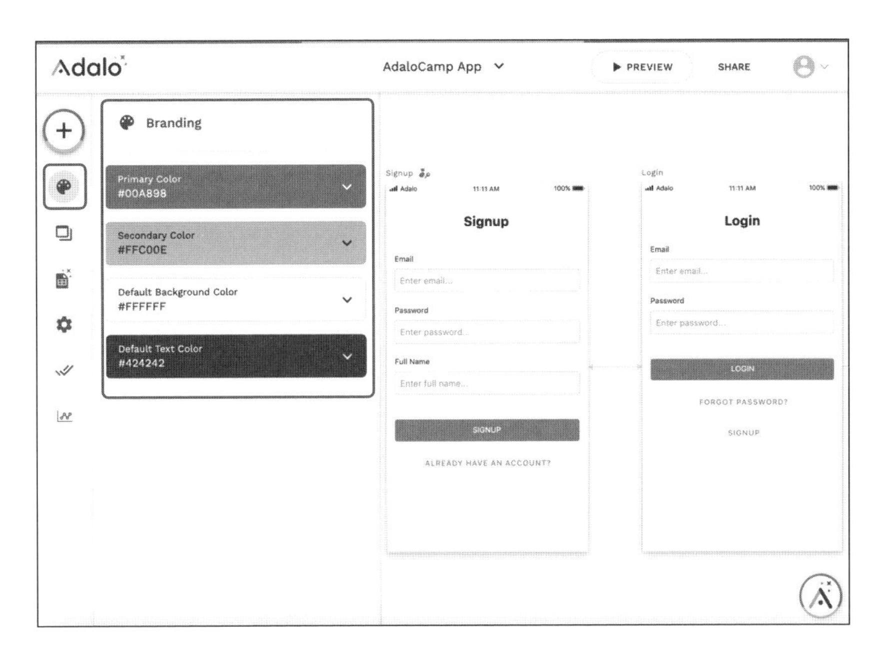

◆Screens(スクリーン)

ScreensではCanvas内にある、すべてのScreenが一覧で表示されます。

◆Database Collections(データベースコレクション)

Database Collections(1つのコレクションに、1つのスプレッドシートが入っているイメージ)が、一覧で表示されます。

◆Settings(セッティング)

Settingsではアプリの全般的な設定などができます。また、アプリの複製・削除も、こちらから行います。

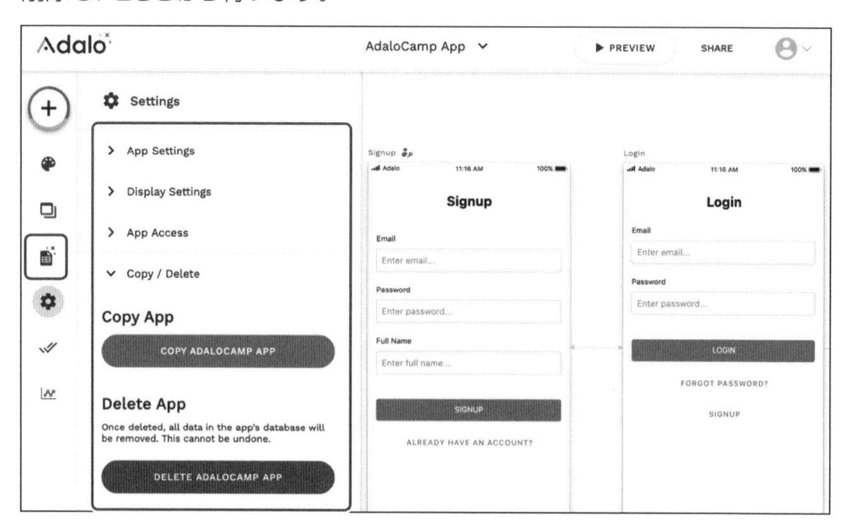

◆Publish(パブリッシュ)

Publishは、App StoreやGoogle Playに、アプリをBuildする際に使います(有料プランに加入が必要です)。Webアプリの場合は、ここでアプリのURLを設定できます。

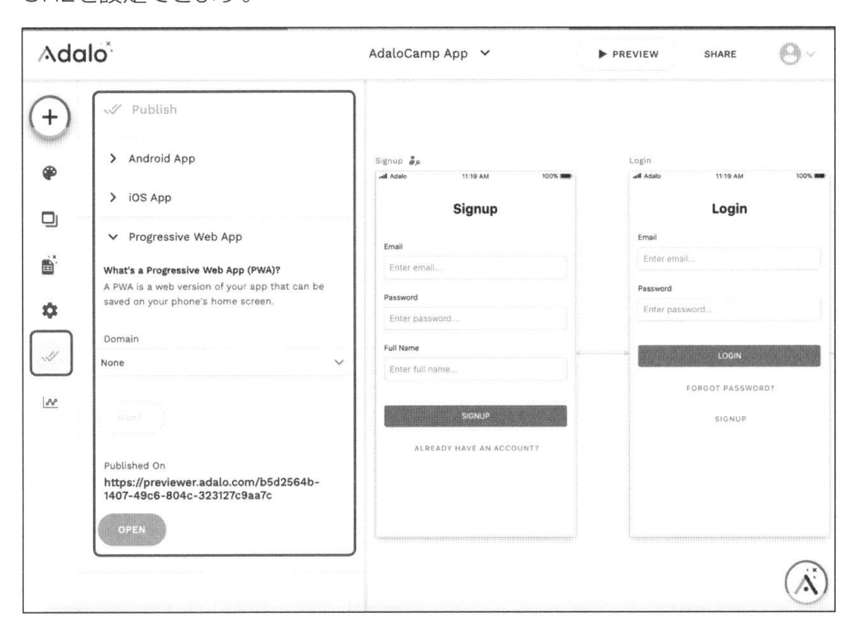

◆Analytics(アナリティクス)

Analyticsではユーザーのアプリの使用状況などを見ることができます。

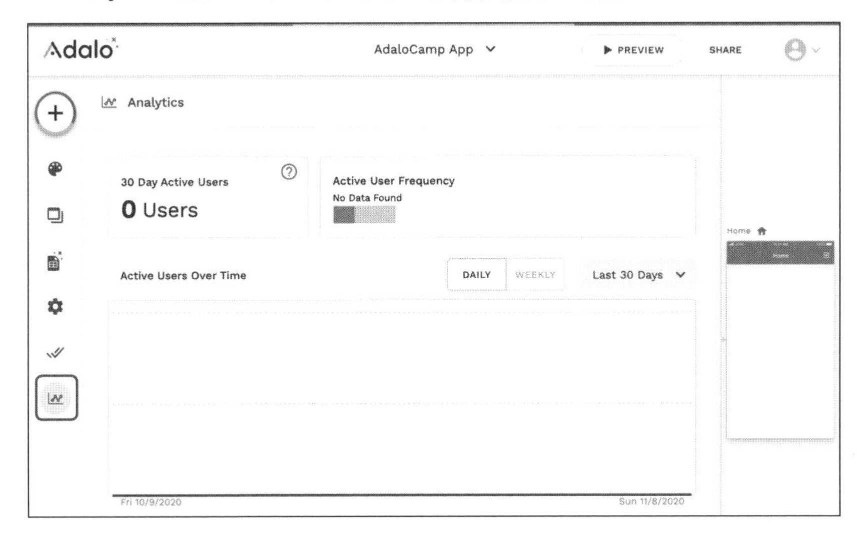

Top Bar(トップバー)

続いて、キャンバスより上に表示されているヘッダー部分を説明します。

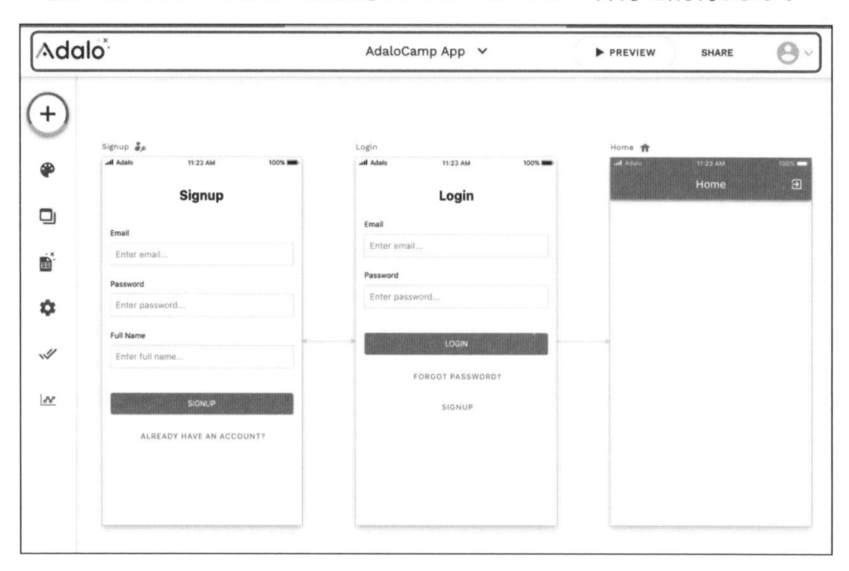

◆ App Switcher(アプリスイッチャー)

App Switcher別のアプリのCanvasへ移動、もしくはアプリを新規作成する際に使います。

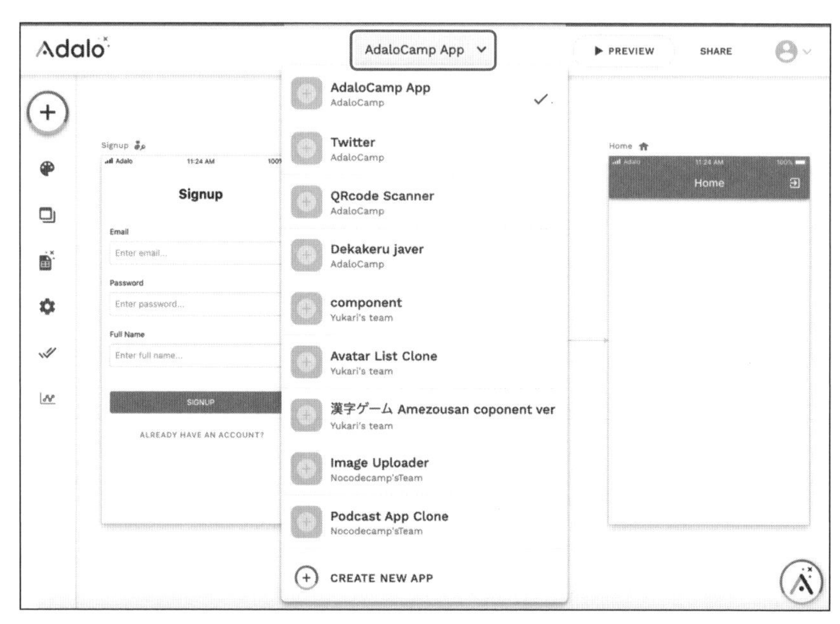

◆ PREVIEW(プレビュー)

PREVIEWボタンを押すとアプリのプレビューが見られます(Macの場合、キーボードショートカットは「⌘」+「[」キーです)。

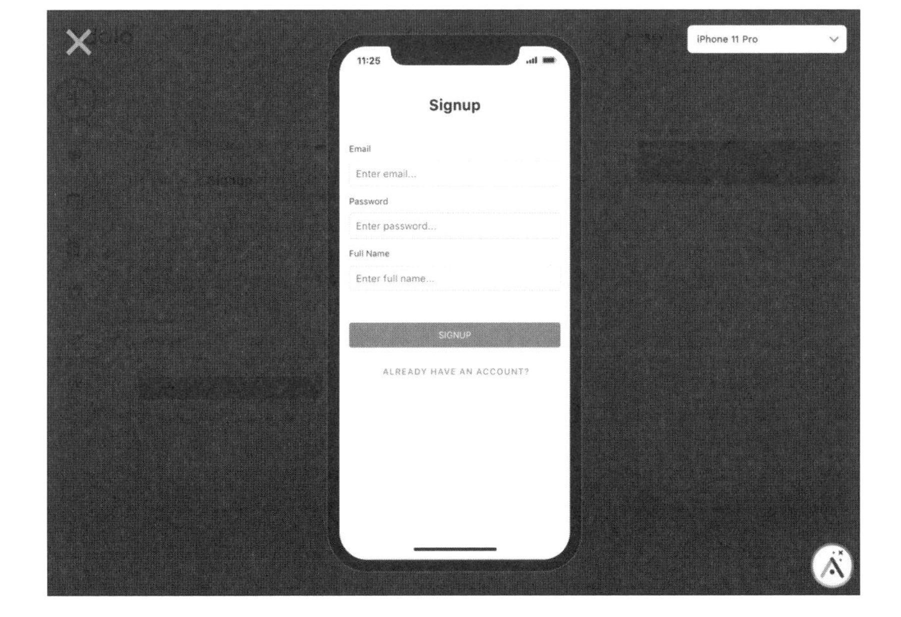

◆ SHARE(シェア)

SHAREボタンを押すとブラウザ上の新規タブでアプリが表示されます。

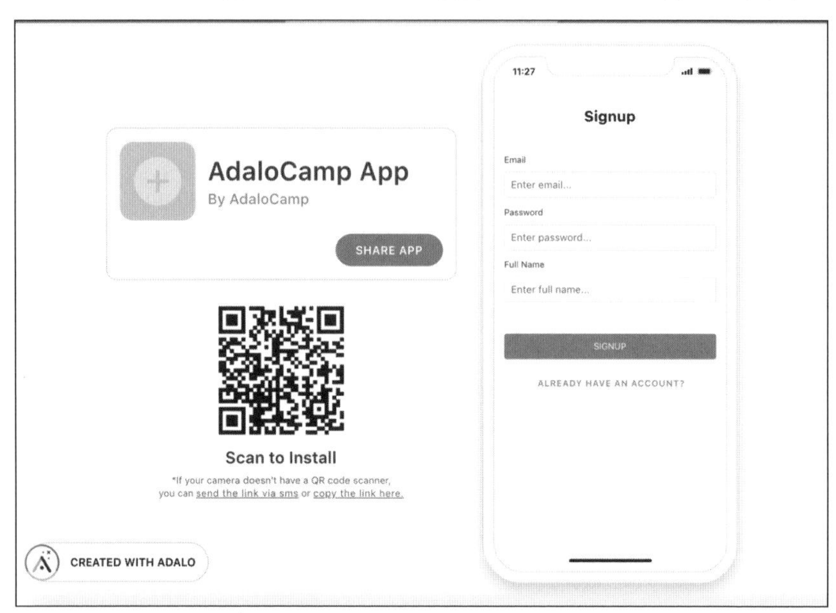

※上図は説明用のサンプルのため、上図内にあるQRコードのURLにアクセスしても「Not Found」になります。

◆ Account Menu(アカウントメニュー)

Account Menuはドロップダウンメニューになっております。次の順に表示されます。

❶ Setting(設定):詳細は下記に記載

❷ Help & Documentation(質問とドキュメント):「https://help.adalo.com/」のリンクへ飛ぶ

❸ Sign Out(ログアウト): ログアウトする

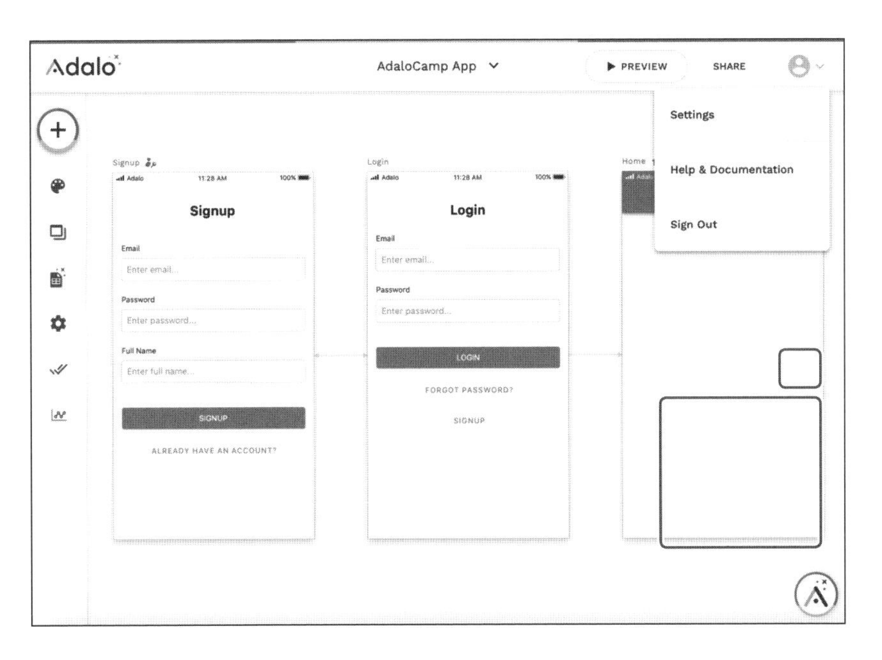

Settingからは次の情報を編集できます。

◆Profile(プロフィール)

Profileでは次の情報を編集できます。

- 名前
- メールアドレス
- パスワード
- Developer Mode への切り替え

◆Team & Billing(チームと請求書)

Team & Billingでは次の情報を編集できます。

- チーム名
- チームメンバー
- 課金プラン
- お支払い方法

◆ Domains(ドメイン)

Domainsでは次の情報を編集できます。

- サブドメイン
- カスタムドメイン

デフォルトのURLは、サブドメインの次の形式になります。

URL http://subdomain.adalo.com/app-name

アプリのURLの「subdomain」の部分をカスタマイズすることができます。

独自ドメンを設定するにはカスタムドメインに設定します。ただし、有料プランへの加入が必要です。

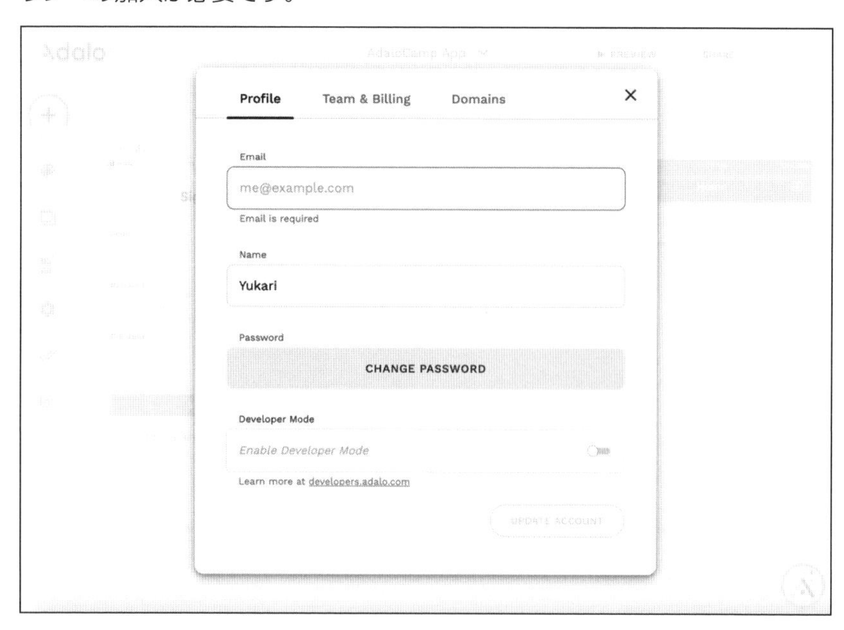

Adaloで効率よくアプリを作る方法

ここでは全体を見つつ、Adaloでアプリを作る際の重要なポイントを説明します。

Adaloを使った開発の流れ

Adaloでアプリを作る流れはざっくり分けると次の3ステップの繰り返しになります。

❶ データベース設計
❷ UIの作成
❸ Actionの設定

もう少し、噛み砕いた言い方で表現すると、次のようになります。

❶ アプリに必要なデータを保存する箱(データベース)を作っておき、
❷ アプリのScreen(見た目)を作り、
❸ 見た目ができたら、そこにあるボタンなどに、Action(ページの移動やデータの保存)をするようにする。

基本は、上記の3つを繰り返していくのみです。

理想的な流れは、「❶データベース設計を最初のアプリ作成段階で作り込んでおき、❷UIの作成と❸Actionの設定を行き来し、忘れていた箇所だけ❶データベース設計に戻る」です。

◆最初にやるべきことはデータベース設計

特に最初のうちは、データベースを最初から完璧に設計するのは難しいかもしれません。頭の中で整理して作らないといけないので、何が必要なのかはじめは思いつきにくいでしょう。

難しいことは考えすぎず、シンプルに「このアプリに入れたい情報は何か?」を思い浮かべます。必要なものをどんどんデータベースに入れ込んで行きましょう!

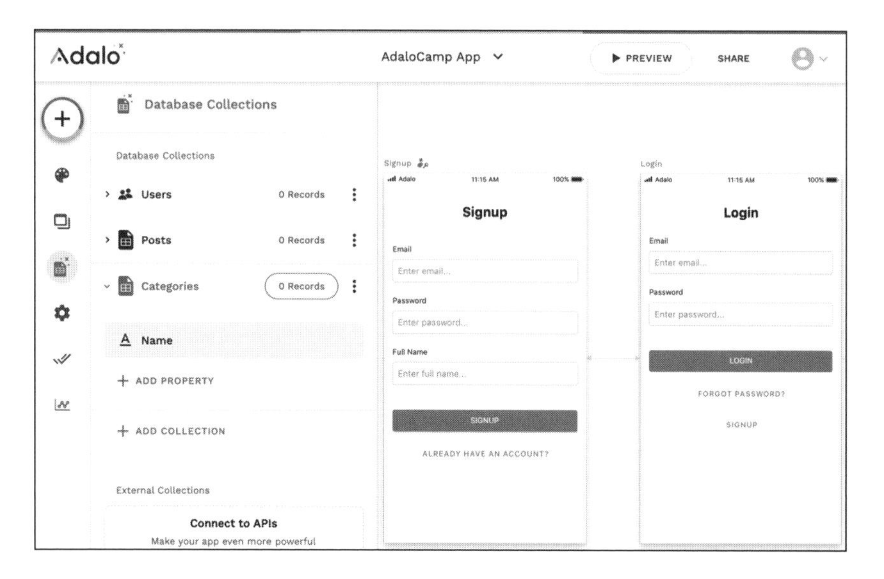

◆次はUIの作成

アプリのUIを作らないとActionも作れないため、ScreenやComponentを追加していきましょう。AdaloではScreenのテンプレートやComponentが用意されています。「アプリでどんな機能を追加したいか」を考えて必要なScreenやコンポーネントを配置していくだけで、ある程度、アプリのデザインらしくなります。

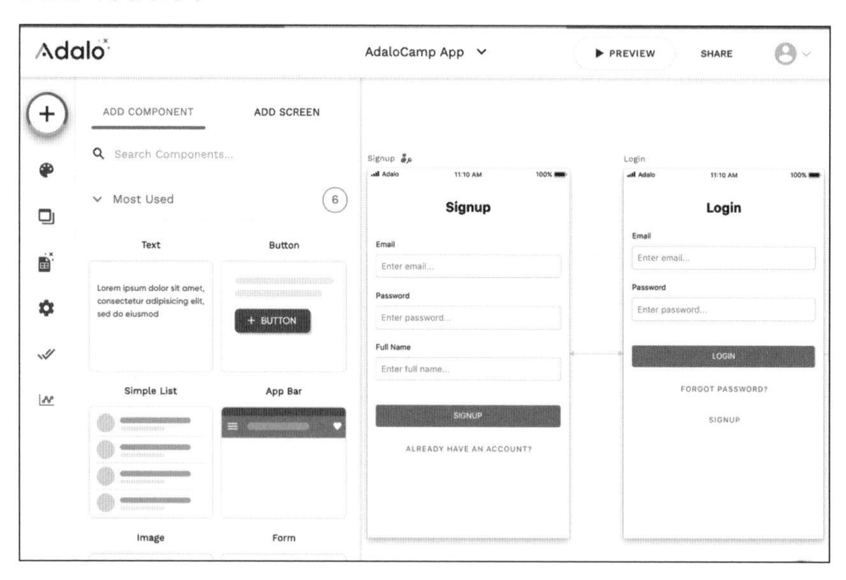

◆UIができたら、Actionを作る

UIが整ってくると、Actionを設定するためのボタンやアイコンも設置した状態となります。

Actionは基本的に、次の3種類です。

- 何かをクリックしたら(or Screenに移動したとき)、Screenを移動する
- 何かをクリックしたら(or Screenに移動したとき)、データベースのデータを作成・更新・削除する
- 何かをクリックしたら(or Screenに移動したとき)、Custom Action(API)を動かす

これらも、アプリを作りながら習得したほうがわかりやすいので、軽く頭に留めておいてください。

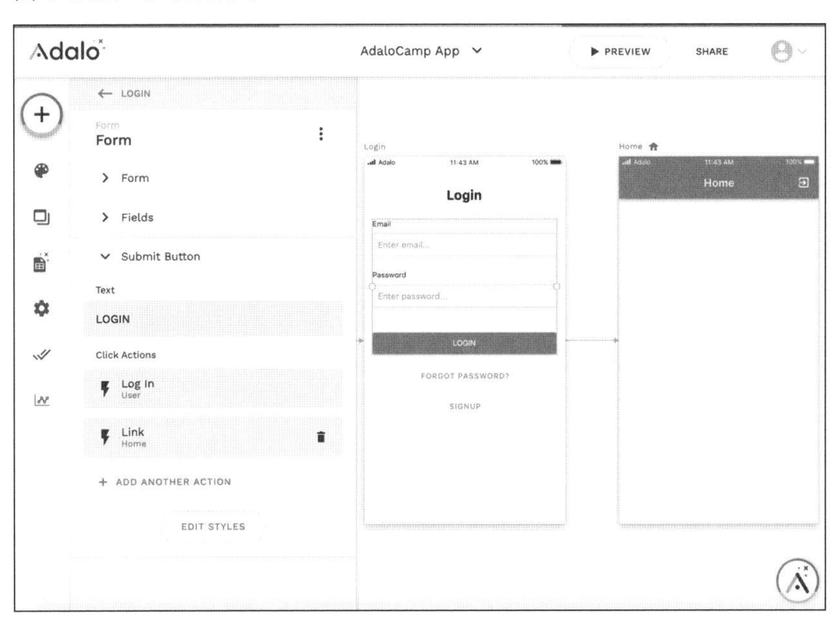

写真投稿アプリを作ってみよう

それでは実際に、アプリを作りながら解説します。

アプリのデモイメージ

画面を1つずつ見ていきましょう。

◆会員登録画面

会員登録画面では、メールアドレス・パスワード・名前・プロフィール画像を入力し、会員登録をします。

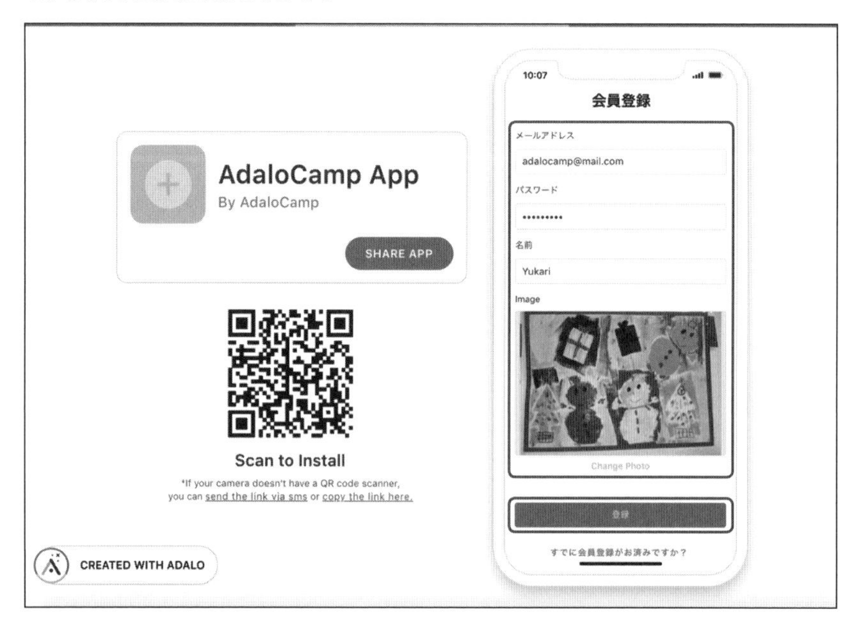

◆ホーム画面(初期状態)

ホーム画面では、右下の「+」ボタンをクリックすると、新規投稿作成画面へ移動します。また、ヘッダー内にある右上のアイコンをクリックすると、ログアウトして会員登録画面へ戻ります。

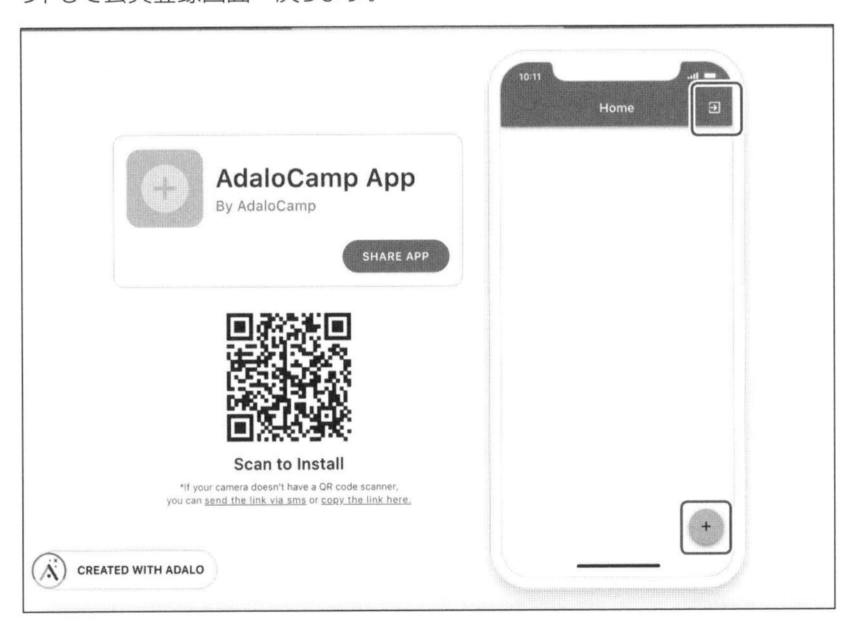

◆新規投稿作成画面

新規投稿作成画面では、写真・写真の説明を入力し、投稿を作成します。また、ヘッダー内にある左上のアイコンをクリックすると、ホーム画面へ戻ります。

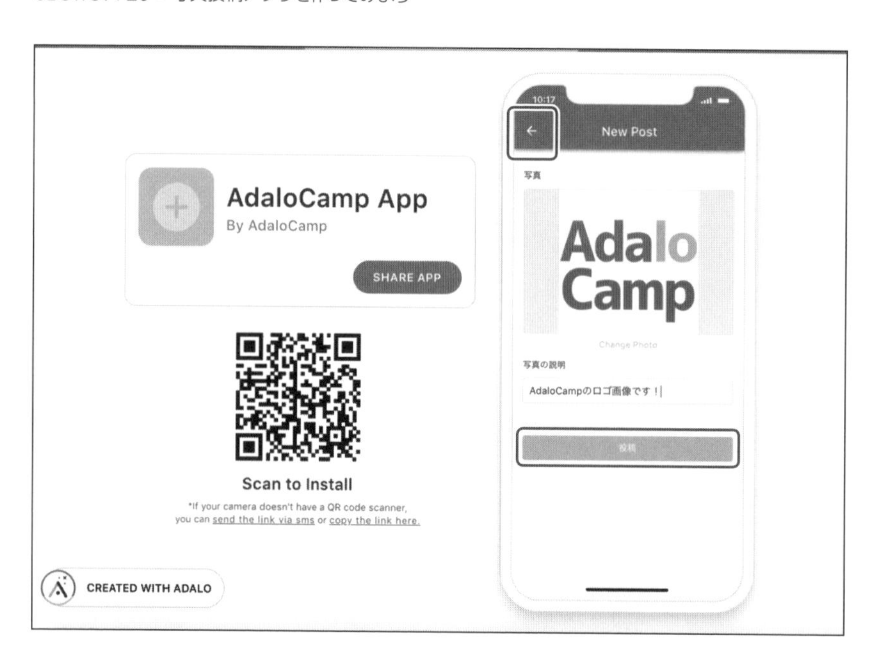

◆ホーム画面(投稿後)

投稿後のホーム画面では。投稿したユーザーの名前・プロフィール画像とともに、投稿内容が表示されます。

新規アプリの作成と初期設定

画面上部の中央部アプリ名をクリックして「+ CREATE NEW APP」をクリックします。新規アプリの初期設定画面が表示されるので設定を行っていきます。

◆ プラットフォームの選択

はじめに作成するアプリのプラットフォームを選択します。「Native Mobile App」（ネイティブモバイルアプリ ）か、「Desktop Web App」（デスクトップウェブアプリ）を選択できます（こちらの設定はあとから変更できません）

今回はスマートフォンでの利用を想定して、「Native Mobile App」からアプリを作成していきます。「Native Mobile App」をクリックしてチェックマークがついたら、右下の「NEXT」ボタンをクリックして次に進みます。

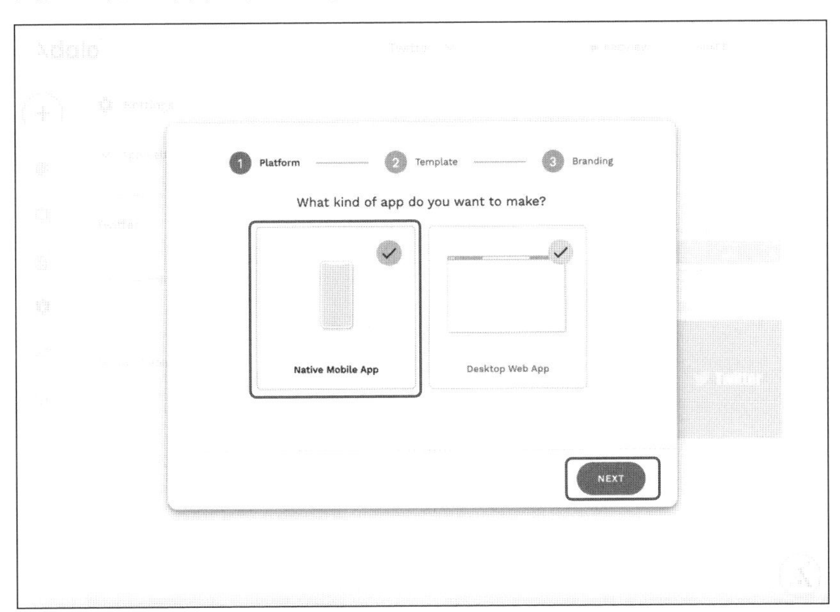

◆アプリのテンプレート選択

次にアプリのテンプレートを選択します。デフォルトで準備されているテンプレートのアプリを選択するとすでに動作するアプリをベースにアプリ作成を開始することができます。

今回のアプリはTemplate（テンプレート）は使用せずに、Blank（白紙）から作成していきます。左上の「Blank」をクリックし選択、右下の「Next」ボタンをクリックして次に進みます。

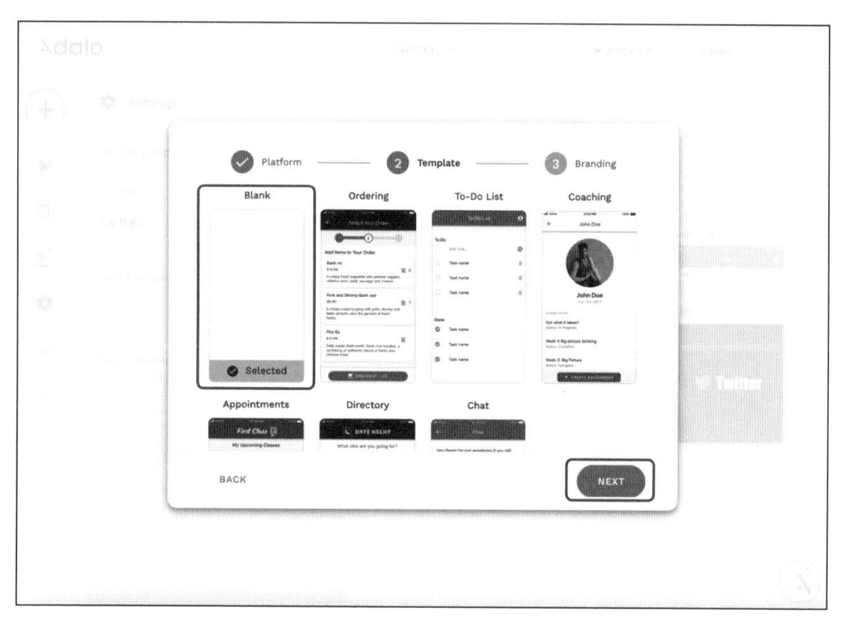

◆ アプリのセッティング

Settingの画面では、アプリの名前、カラーを設定できます。「App Name」は任意のアプリ名を入力してください。この名前は後からでも変更可能です。「Primary Color」と、「Secondary Color」を設定し、右下の「CREATE」ボタンをクリックすると、新規アプリの初期設定が完了し、アプリのCanvasが立ち上がります。

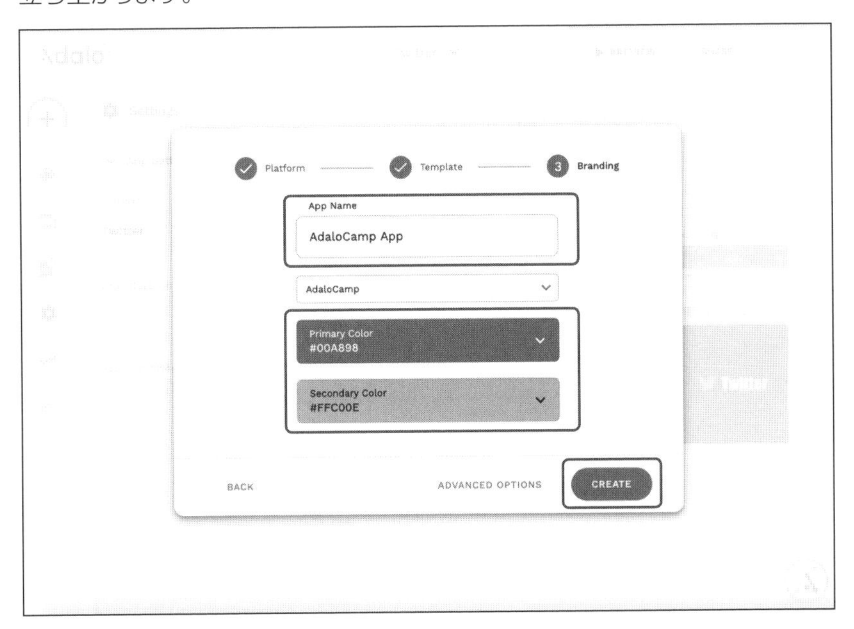

◆ アカウント登録・ログインページの作成（Signup・Login）

新規アプリの初期設定が完了すると、デフォルトで「Signup Screen」「Login Screen」「Home Screen」の3画面が作成されます。アカウント登録・ログイン機能については、デフォルトの状態で機能するようになっています。ただ、Adaloは海外のサービスのため、表記がすべて英語となります。この表記を日本語に変更していきましょう。

Screen上に配置されているComponentをクリックすると、Left Toolbarに設定項目が表示されます。この設定項目から該当箇所の「Text」を日本語に変更します。注意点として、Adaloの仕様上、日本語入力に対応できていない箇所がいくつかあります。日本語入力がおかしいときはテキストエディタなどで日本語テキストを作成し、コピー&ペーストしてください。

すべて日本語に変更すると、次のようになります。

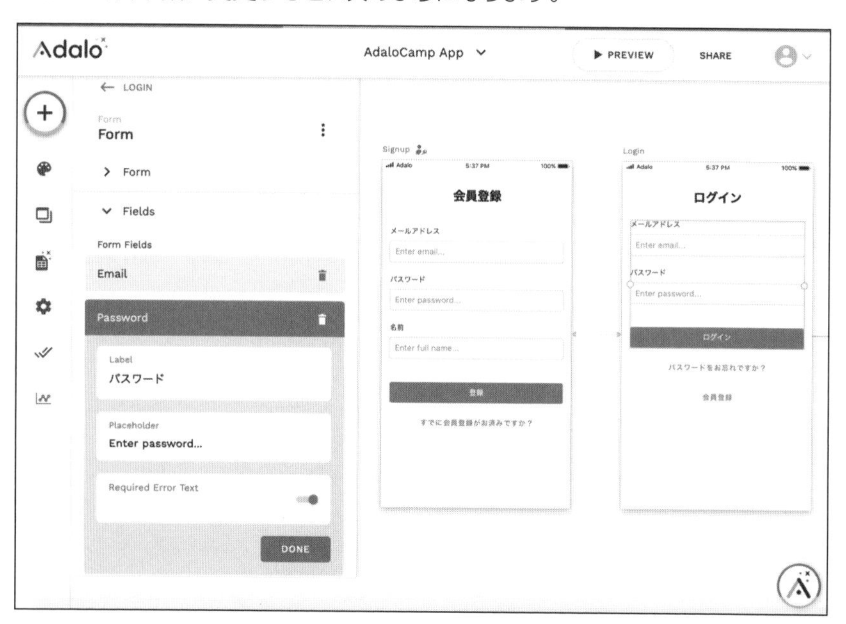

データベース設計

まずはデータベースを設計します。

◆Users Collection

アカウント登録時にインプットされた情報はAdaloのデータベース(Collection)の「Users Collection」に保存されます。

「Left Toolbar」の「Database Collection」タブをクリックすると、「Users Collection」があります。「Users」をクリックすると、格納されるデータ(Property)の一覧が表示されます。デフォルトだと、「Email」「Password」「Username」「Full Name」の4項目がセットされています。

今回作成するアプリでは、プロフィール画像を登録させたいのでプロフィール画像「Profile Image」Propertyを追加します。追加するには「+ ADD PROPERTY」をクリックし、データのタイプを選択します。画像を登録したいので「Image」を選択します。「Name」にPropertyの名前を設定します。「New Property」を「Profile Image」に変更して「SAVE」ボタンをクリックしてください。

◆新規Collectionの追加

次に写真の投稿を保存するデータベースを作成します。

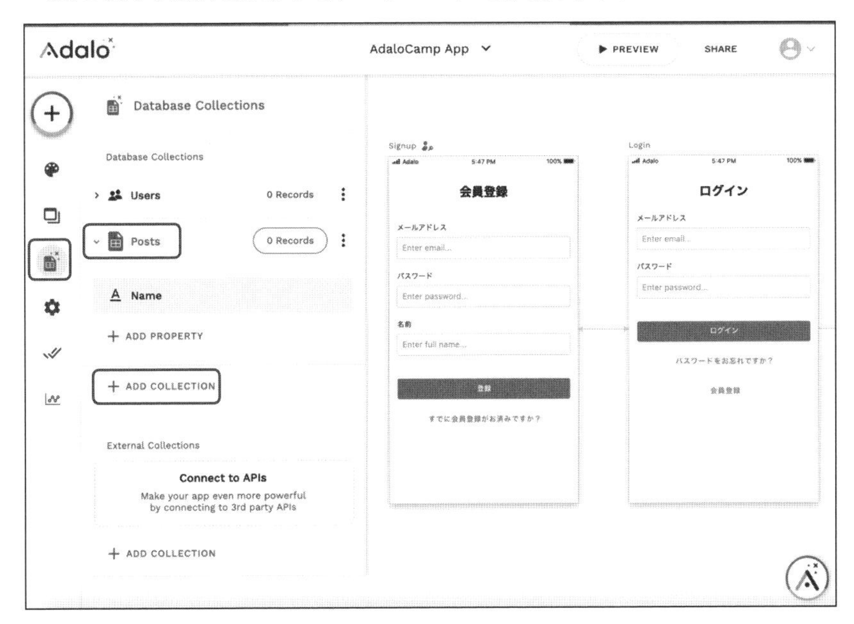

「Left Toolbar」からデータベースアイコンをクリックし、「Database Collections」を開きます。「+ADD COLLECTION」ボタンをクリックし、新規Collectionを追加します。「Collection Name」を「Posts」とします。

続いて、Collection内にPropertyを追加します。

Text型で「Description」（Collection作成時にデフォルトで入っているNameを、Descriptionに変更します）、Image型で「Image」とします。

次は「Users Collection」のユーザー情報と「Posts Collection」の投稿コンテンツをリレーションさせます。

データ型は「Relationship」を選択し、「Users」を選択します。

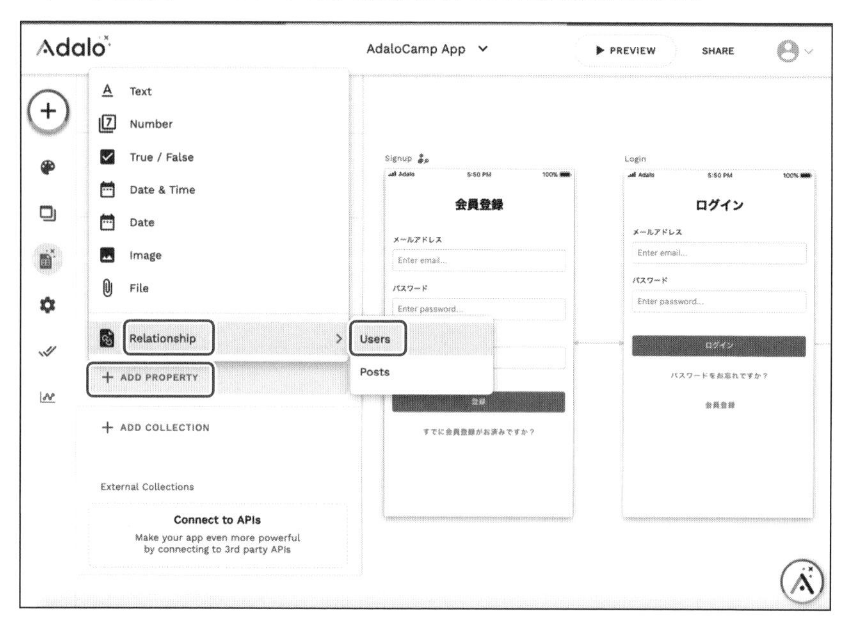

Userに対して投稿が複数紐付くため、一番上の1対多のリレーションを選択します。

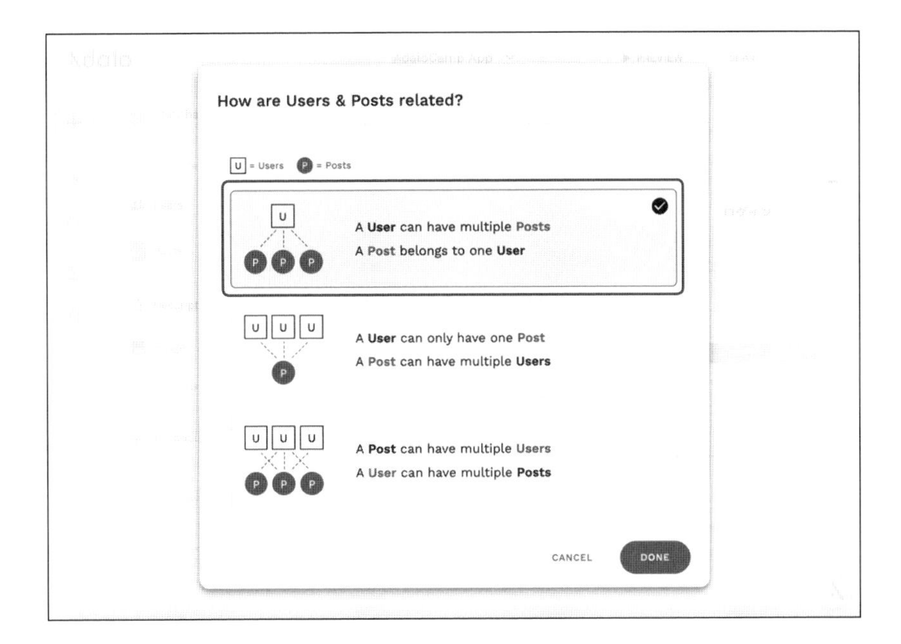

「Posts Collection」の「Users」リレーションの「Property Name」を「Posting User」とします。

最終的に、下記の画像のようなデータベース設計になっていれば、完成です。

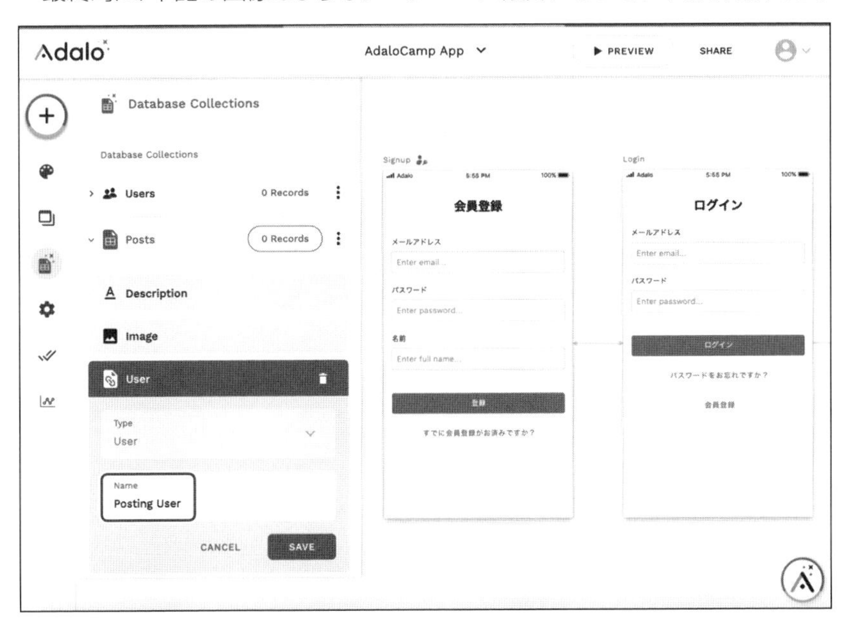

プロフィール画像の登録

プロフィール画像をアカウント登録の際に、登録できるようにします。

「Database Collection」にPropertyを追加したら、アカウント登録画面にプロフィール画像の項目を追加します。

◆FormにFieldを追加

「Signup Screen」上の「Form」コンポーネントを選択します。「Left Toolbar」の中段の「Fields」タブをクリックします。「+ Add Visible Field」をクリックし、「Profile Image」のPropertyを追加します。

また、「Reqried Error Text」の「This field is required.」の文言は、削除しておきましょう（ユーザーがその項目に、入力や選択をしていない状態でFormのボタンをクリックすると、表示される文言です）。

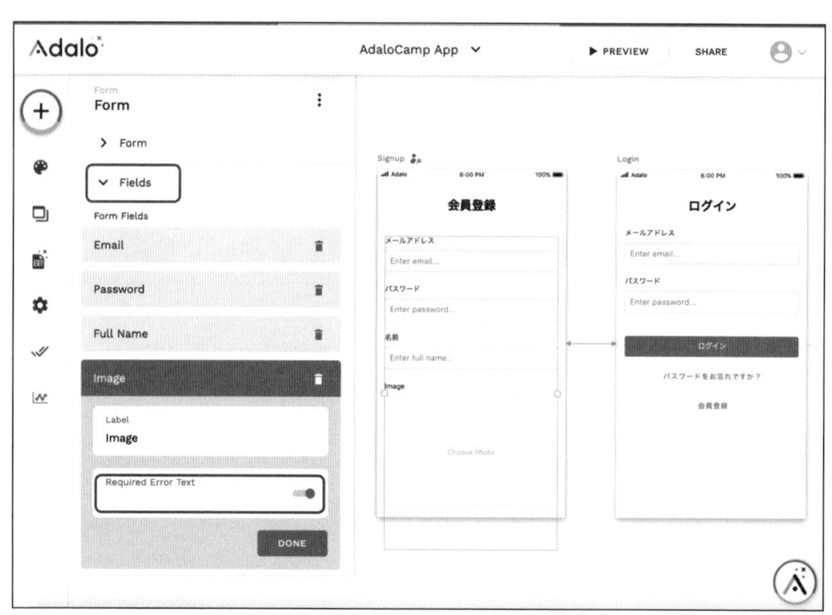

◆Componentの配置を整える

「Field」に「Profile Image」を追加するとScreen上の「Form」に項目が追加されます。項目が追加されたことで見た目が崩れてしまうので、Screenの大きさをドラッグで大きくしましょう。

Screenを選択するため、Screen左上に表示されているScreen名(Sign up)をクリックします。Screenに黄色の枠線が表示されるので、クリックしたままドラッグで下に引き延ばします。

テキストボタン(すでに会員登録がお済みですか?)も、「Form」の下に隠れてしまったため、いったん「Form」を少し上に移動させ、テキストボタンをドラッグ&ドロップで下へ移動し、「Form」を元の位置に戻します。

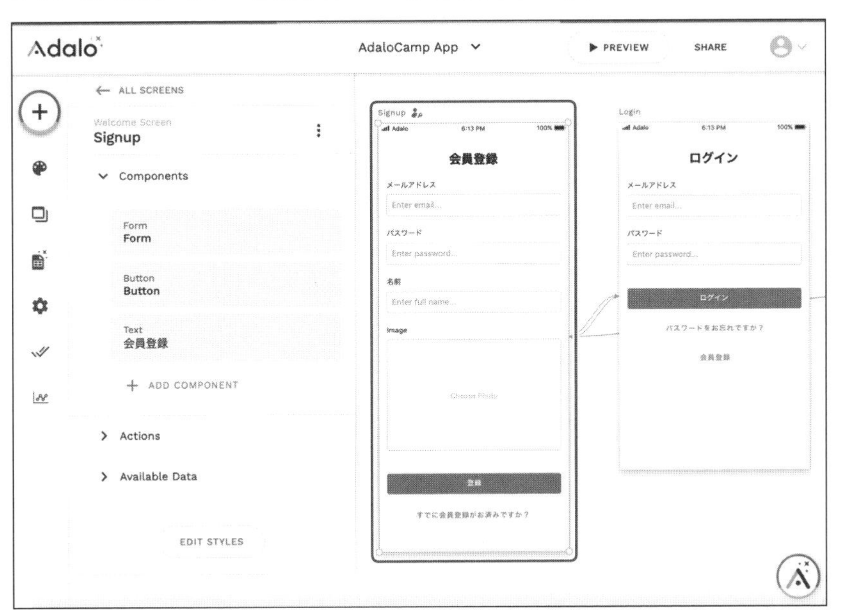

ホーム画面の作成

ホーム画面を作成していきます。完成のイメージは、写真の投稿が一覧で確認できる、Instagramのような表示です。

◆Image Component

ホームScreen上で左上の「+」ボタンをクリックして「Add Component」より「Image」コンポーネントを選択し、Screen上に配置します。「Left Toolbar」の設定項目の下部「EDIT STYLES」ボタンをクリックするとコンポーネントの詳細の設定を変更することができます。「Size」を340×340の正方形に変更しましょう。

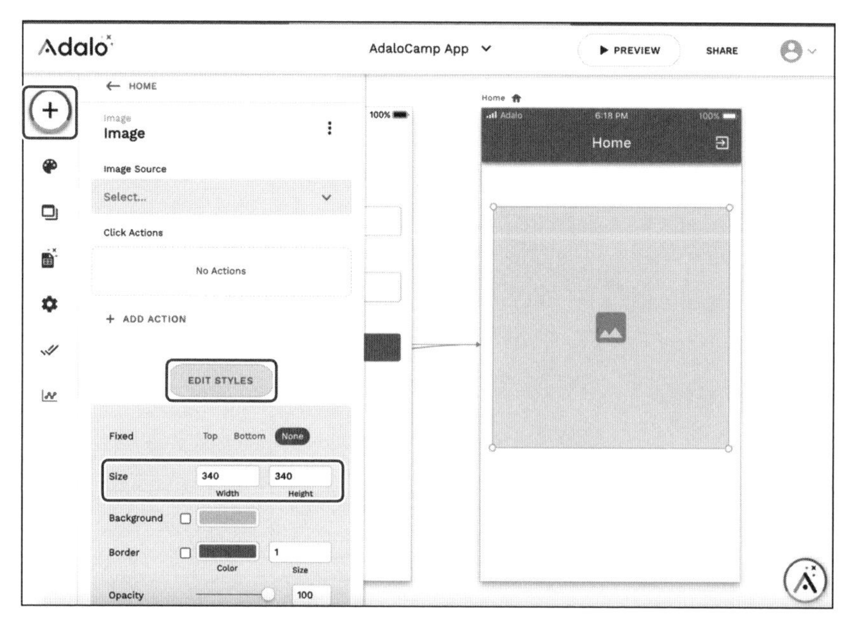

◆アイコン画像の配置

次にプロフィールアイコン用にもう1つ、「Image」コンポーネントを左上に配置します。「Size」を46×46、「Rounding」をMaxの「23」に変更します。

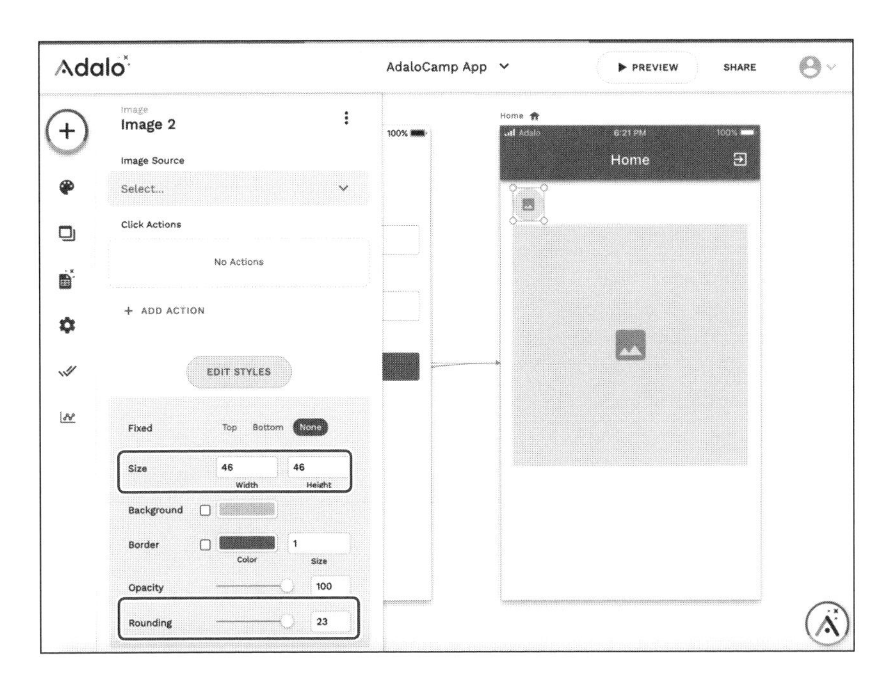

◆テキストの配置

プロフィールアイコンの隣に、ユーザーネーム用のテキストを配置します。「EDIT STYLES」ボタンをクリックし、「Multi-line」のチェックボックスをOFFにしておきましょう。こうすることで、文字数が多くても複数行にならず、1行までの表示にしてくれます。

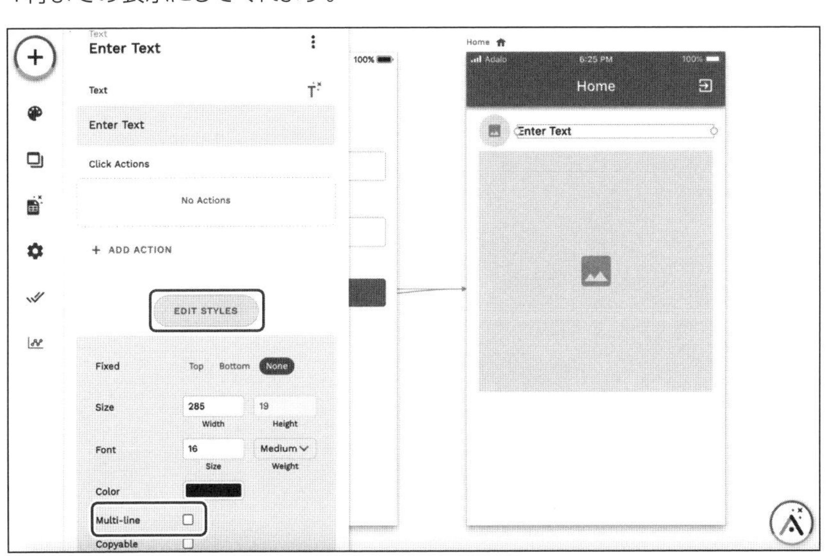

◆画像説明用テキスト配置

正方形のImageの下にも、写真の説明用のテキストを配置します。

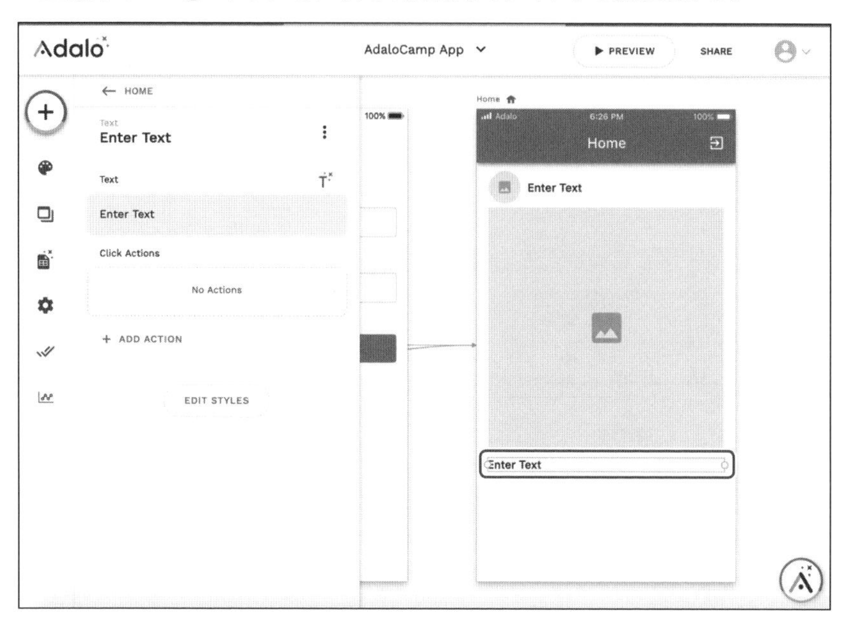

◆テキストの文字色の変更

写真の説明用のテキストの下に、投稿した日時の表示用のテキストも配置します。カラーは、少し薄い色に変更しておきましょう。

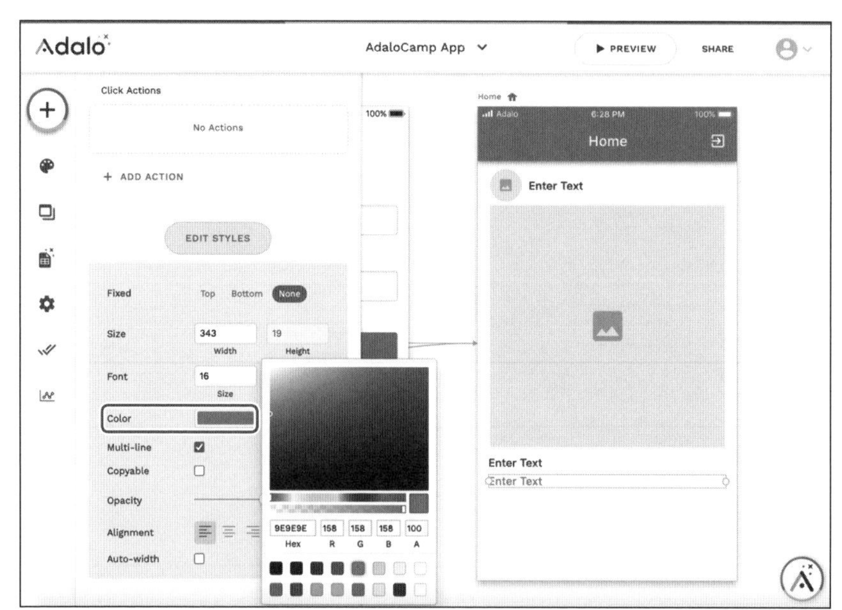

◆Lineの配置

投稿の区切りがわかるように、「Line」(ライン)を設置します。左上の「+」ボタン押して、「Simple」の中の「Line」を追加しましょう。こちらも、カラーを薄くしておきましょう。

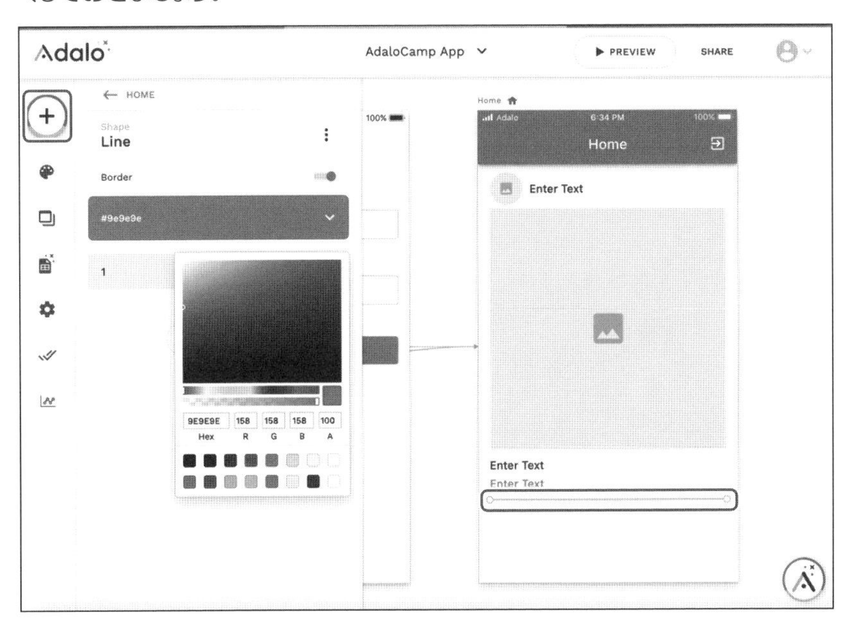

投稿表示のリスト化

ホーム画面の表示をリスト化していきます。

ホーム画面に配置したComponentをすべて選択します(ドラッグで選択するか、Shiftを押しながら1つひとつComponentをクリックして選択します)。選択できたら、「Left Toolbar」の「MAKE LIST」ボタンをクリックして、リスト化します。

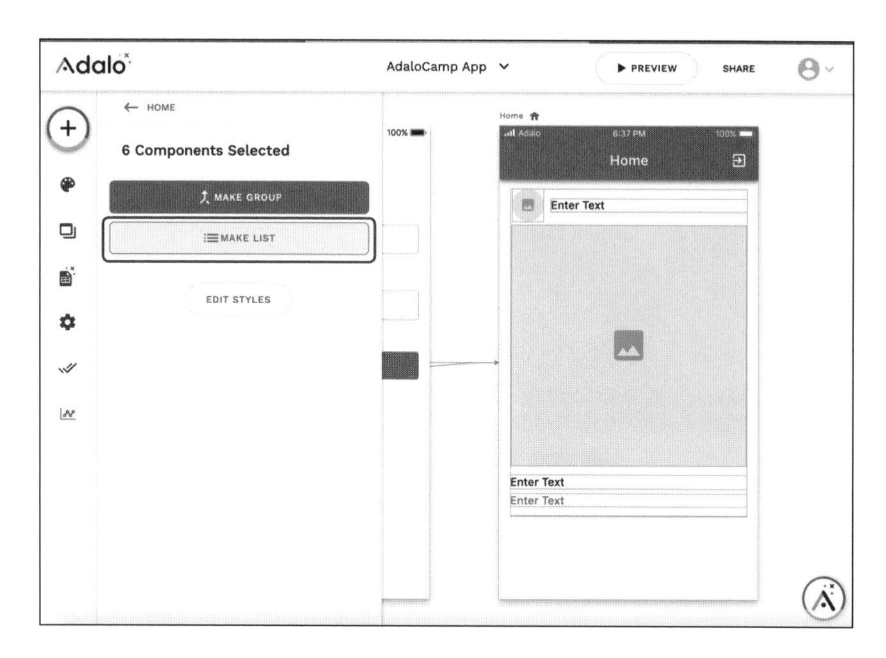

リスト化するとComponentが長く伸びた状態となるため、Component下部にカーソルを合わせサイズを調整します。

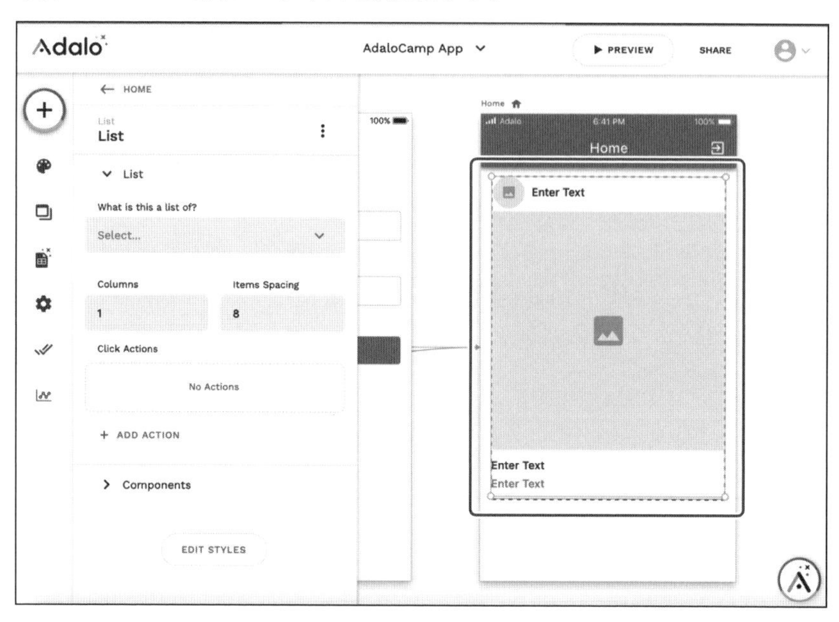

リスト化したComponentとDatabaseの紐付けをします。「What is this a list of ?」の項目にリストに表示させたい「Database Collection」を選択します。写真の投稿内容を表示させたいので、投稿内容が入っている「Database Collection」の「Posts」を選択します。

「Sorting」の項目でリストの並び順を設定します。新しい投稿を上部に表示させるため、「Created Data - Newest to Oldest」を選択します。

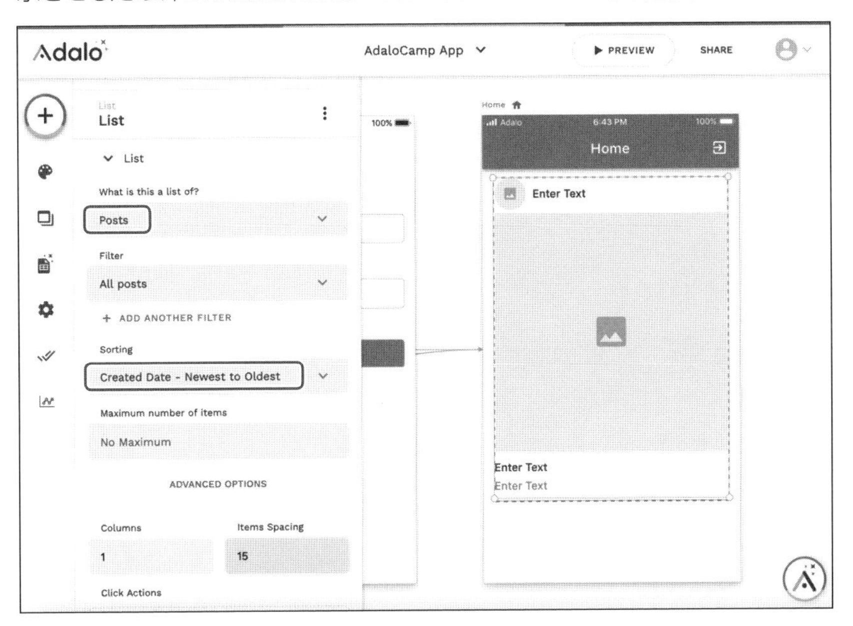

リスト化したComponentとDatabaseの紐付け

リスト化したComponentの「Database Collection」の設定後、リスト化したComponent内の各種Componentにデータを紐付けていきます。設定するComponentをダブルクリックして選択し、紐付けしたいデータを「Database」の「Current Post」から選択します。

ユーザープロフィールアイコンとして「Image」Componentの設定を、「Database」→「Current Post」→「User」→「Image」と設定します。

ユーザー名として「Text」Componentに「Current Post」→「User」→「Full Name」と設定します。

投稿写真として「Image」Componentに「Current Post」→「Image」と設定します。

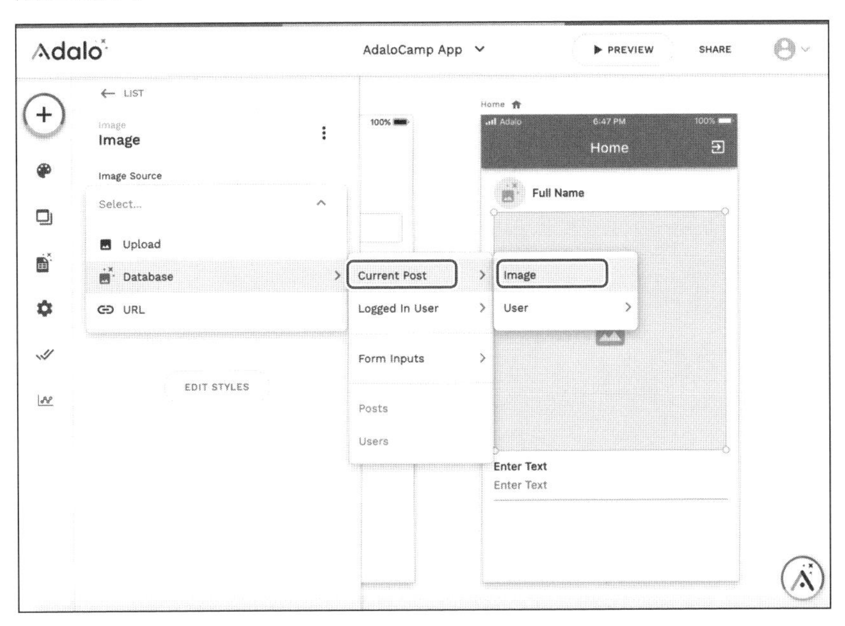

詳細説明として「Text」Component(Multi Line:複数行表示)に、「Current Post」→「Description」と設定します。

投稿時間として「Text」Componentに「Current Post」→「Created Date」と設定します。

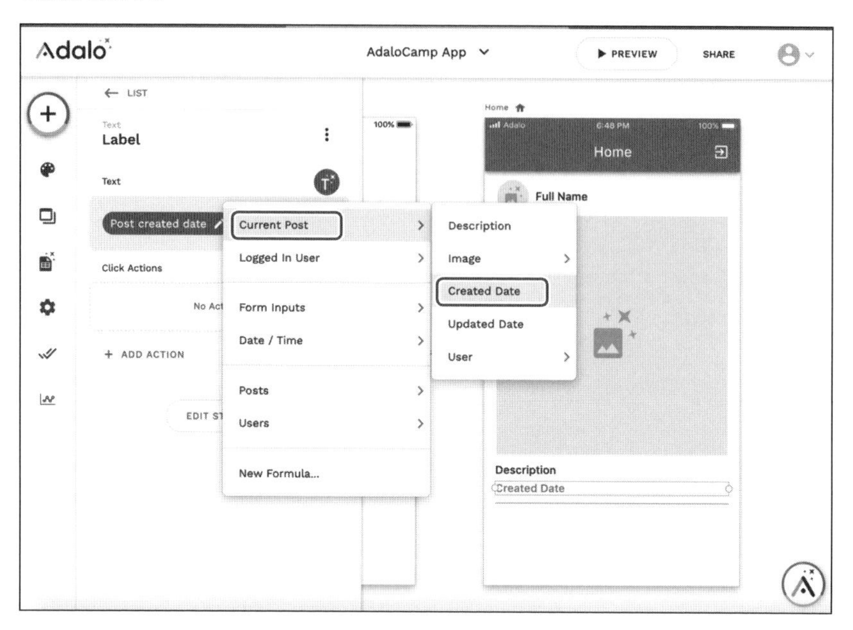

これでリスト化したComponentと各種Componentへのデータの紐付け設定が完了です。

投稿ページの作成

写真の投稿ページを作成します。はじめに「Home Screen」に投稿ページへ画面遷移させるためのボタンを設置していきます。「Add Panel」から「Button」を選択し、「Home Screen」上に配置します。注意点として、「Home Screen」のリスト化したComponent内に「Button」を配置すると、リストとして「Button」が設置されてしまうため、リスト化したComponent外部へ配置するか、配置後に「Screens」から「Button」をリスト化したComponentの外部の上位に移動させます。

「Home Screen」下部右側に「Button」を配置した状態です。配置した「Button」にActionを設定していきます。「Button」Componentをダブルクリックし、Componentの詳細設定タブを表示させます。画面中央部の「+ ADD ACTION」をクリックしてActionの設定を入れていきます。

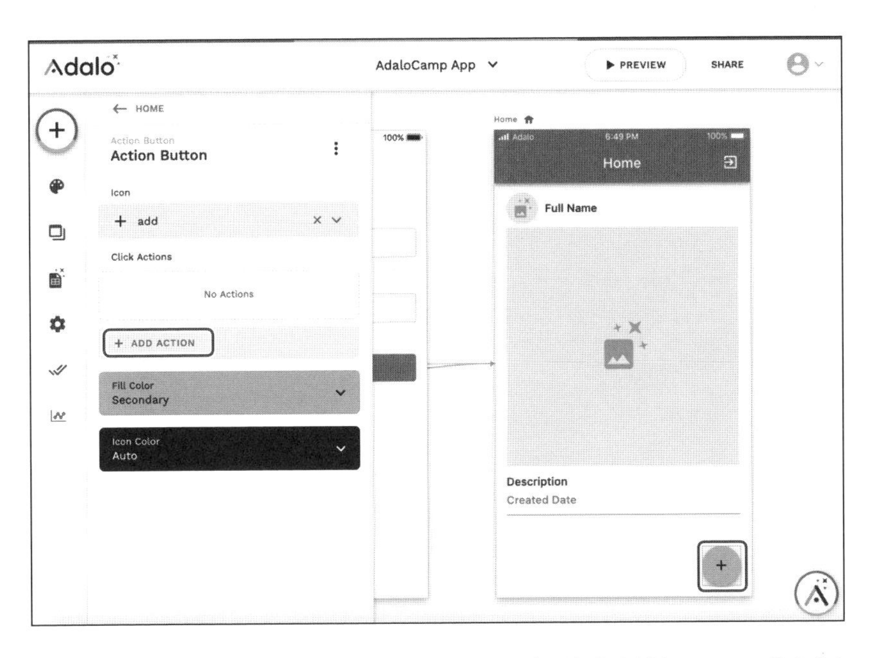

「Button」をクリックしたら写真の投稿ページに移動させたいので、「Link」→「New Screen」を選択しましょう。

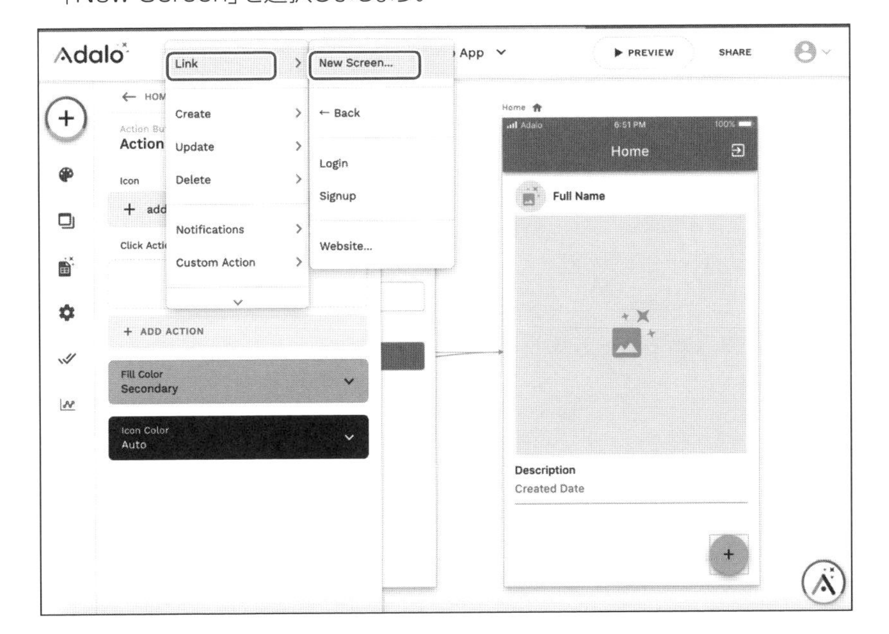

現状、投稿用のScreenは作成されていないため、投稿用Screenを作成します。Screen名を「New Post」とし、テンプレートから「Form」を選択し、「CREATE SCREEN」ボタンをクリックします。「Form」のテンプレートが設定された状態でScreenが作成されます。

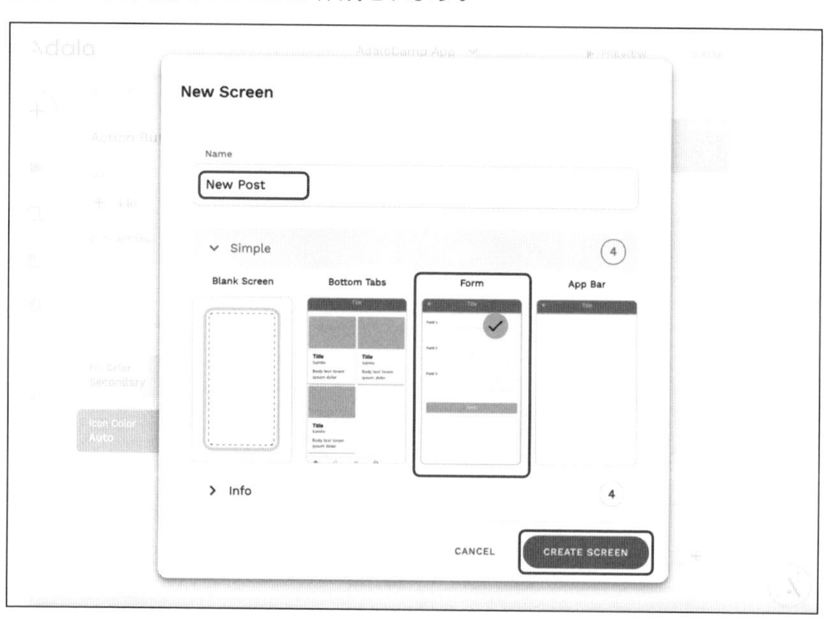

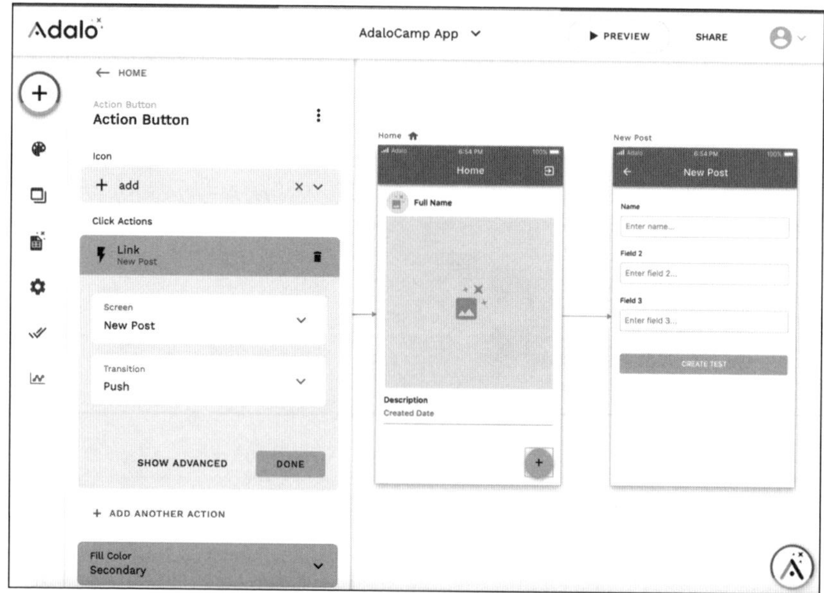

「Form」のテンプレートでScreenが作成されましたが、「Form」のデータの紐付けができていない状態です。「Form」に紐付く「Database Collection」を設定します。写真の投稿ページ用の「Form」のため、「Database Collection」は「Posts」を選択します。

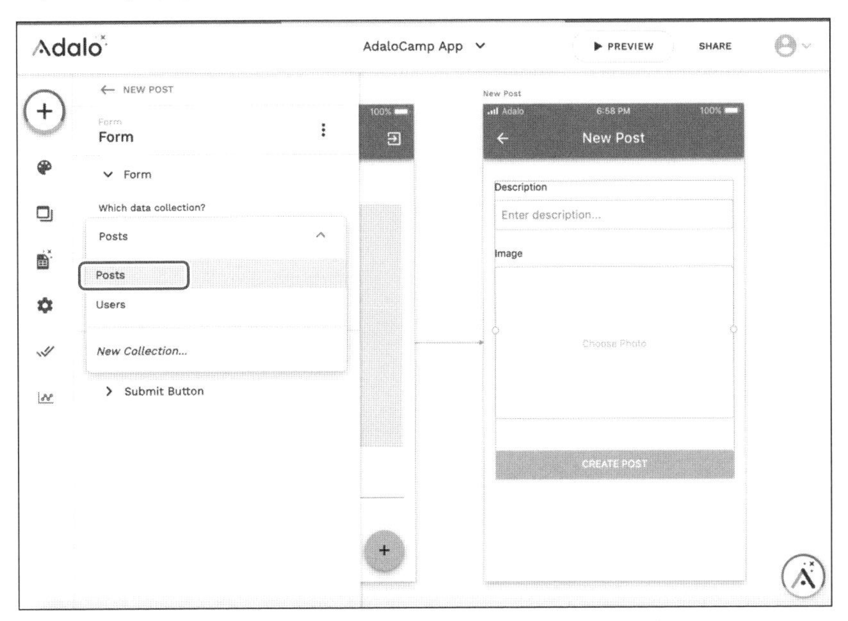

Database CollectionのPostsを設定するとForm Component内のField情報が、Formに更新されます。

それぞれのFieldの名前が、Database CollectionのField Nameと表示が一致しているため、日本語で分かりやすいようにLabelを変更しましょう。

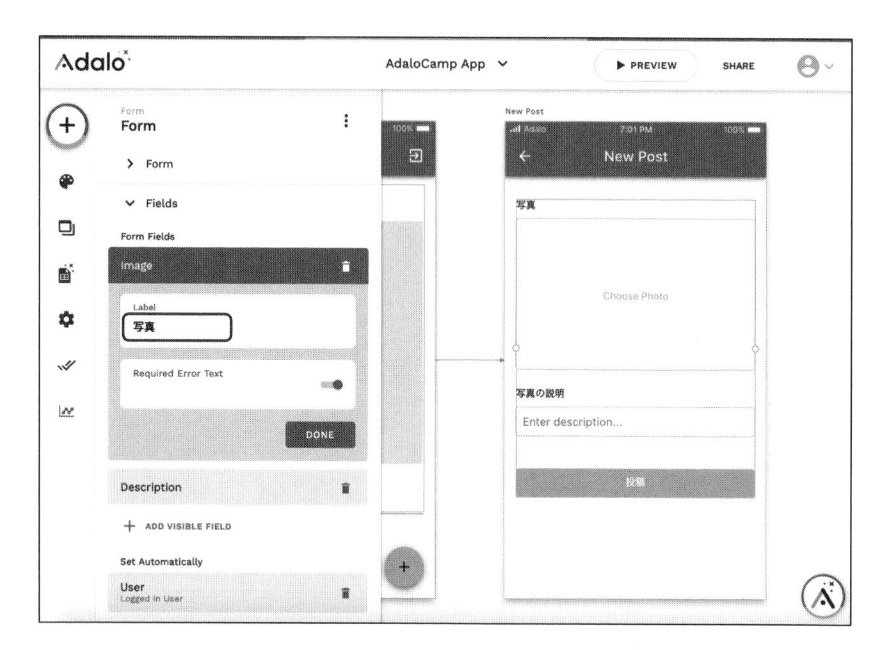

これで、機能としては最小限の写真投稿アプリが完成しました！　いかがでしたでしょうか。このレベルであればサクッと作成できノーコードの実感できたのではないでしょうか？

Adaloは使い方を覚えると、本当にさまざまな機能のアプリを作成することができるのでぜひチャレンジしてみてください！

わからないことがあれば、下記の著者まで気軽にお問合せください！

- Shunsuke

URL https://twitter.com/___Shunsuke____

- Yuri

URL https://twitter.com/yuri_deKAkERU

CHAPTER 4
Bubbleを使ってみよう

Bubbleとは

Bubbleは2012年に創業されたノーコード開発プラットフォームで、ノーコードとしては非常に歴史が長くサービスも洗練されたツールの1つです。

他のツールとの比較

Bubbleの特徴としては、次の点が挙げられます。

- レスポンシブ対応
- UI自由度の高さ
- 豊富なプラグイン
- 複雑な処理

Bubbleのデザイン面においては、他のツールとは異なり、画面上のどこにエレメントを配置しても問題なく動作します。したがって、デザインの自由度が高く、他のツールではできない再現度でサービスのUIを構築ができます。また、ワークフローと呼ばれる処理の複雑性を再現でき、プログラミング経験者でも不都合を感じないほどのロジックを組むことが可能です。

Bubbleで作ったサービス

Bubbleで過去に筆者が作成したサービスには、ゲームからマッチングプラットフォーム、ECサイト、管理ツール、予約システム、オークションサイトなど非常にさまざまな種類のサービスがあります。下記のサービスは特にTwitterなどで好評をいただいたものの紹介です。

◆スイカ割りゲーム

某ゲームの見た目で、ゲームを作りました。Twitter上でのふとしたやり取りの中で出てきた案を数時間でゲームにし、総プレイ回数は1000回を達成しています。

URL https://mitsudesu.bubbleapps.io/watermelon

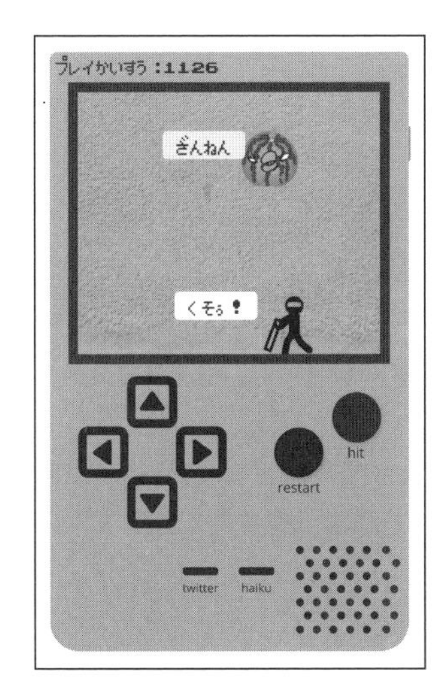

◆ Kilock

みんなの毎日の頑張りを応援するサービスです。毎日のタスクを宣言してSNS上で公開することで外部から見られる意識が芽生え、それを応援するフォロワーとの繋がりを楽しめるサービスです。

URL https://kilock.bubbleapps.io/

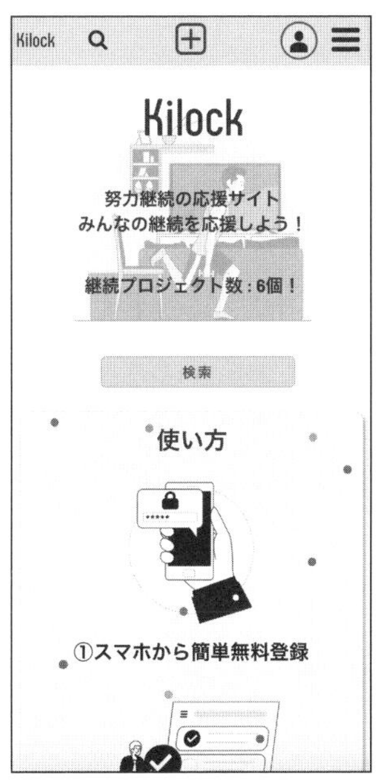

◆ Koremo

月額300円の書籍交換プラットフォームです。家庭に眠った1冊の本の価値を最大限に活用したいと思い、送料だけでユーザー同士の読み終えた本を交換できる場をBubbleで作成しました。

URL https://koremo.bubbleapps.io/ 

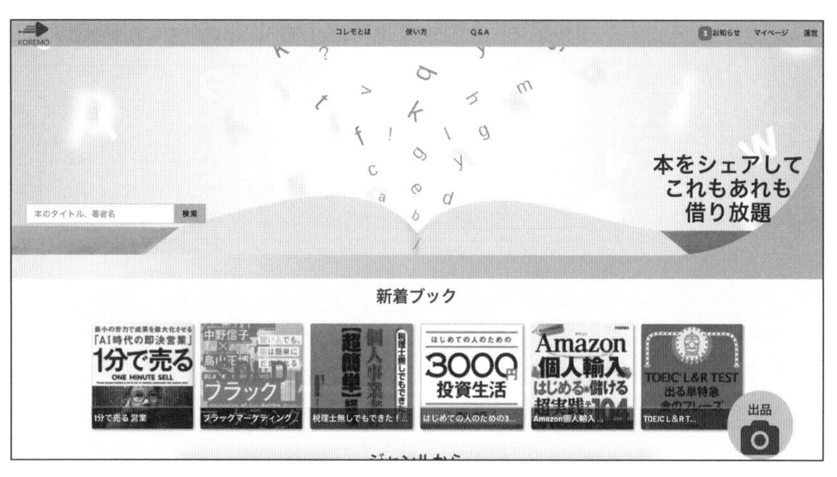

◆ Freeat

フードロス削減に取り組むスタートアップと協力し、広告の視聴でお店の廃棄前の食品を無料でもらうことができます。現在は東京都内だけで受け取り可能ユーザーを学生に絞った実証実験を行っています。

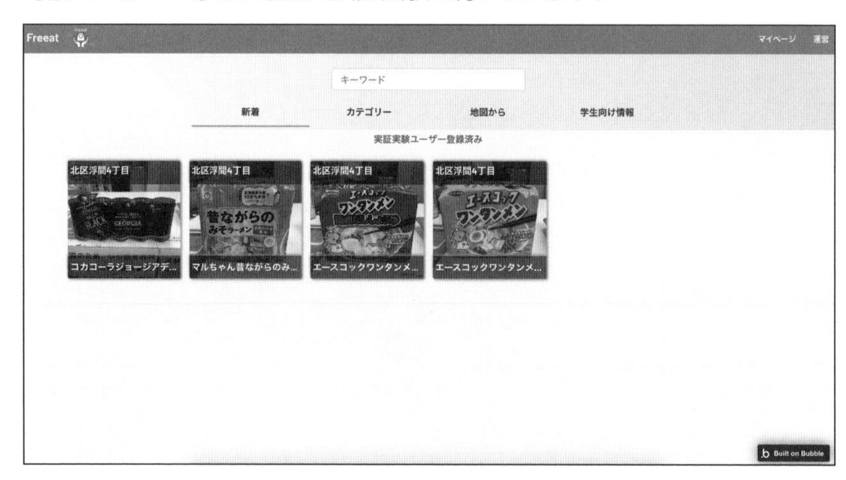

◆ Bubble clone

Bubbleを使ってBubbleのクローンを作成しました。クローンの中でアプリを作成するフローができ、本物とそっくりのエディターや画面構成を作成しました。

URL https://bubble-challenge.bubbleapps.io/ 

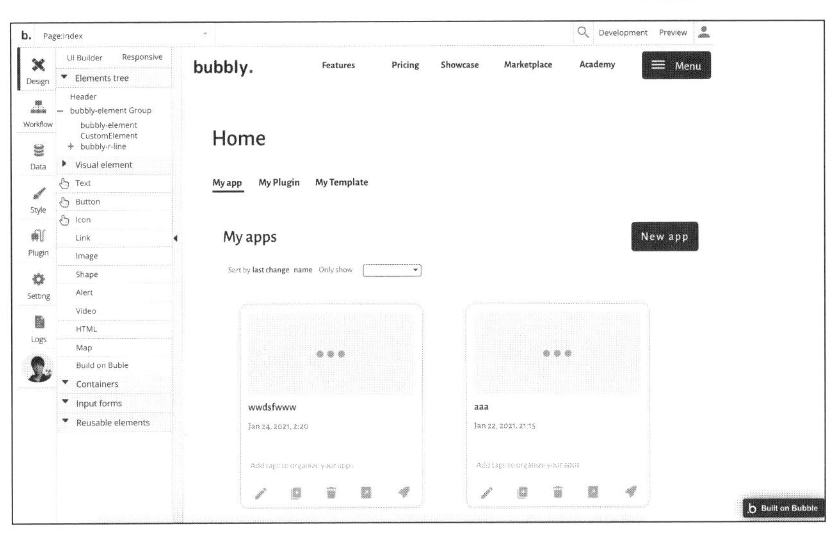

他にも海外では資金調達ができるサービスもあり、Bubbleでの事例はますます増えてきています。

料金

Bubbleには1つの無料プランと3つの有料プランがあります。プランはアカウントごとではなく、アカウント内で作成するアプリごとに契約します。

Freeプランは無料ですが、テストやお試し用途でしか使用できません。有料プランとの違いはストレージや処理速度など本番運用を想定したもの全般です。詳しくは比較表をご覧ください。

URL https://bubble.io/pricing/compare 

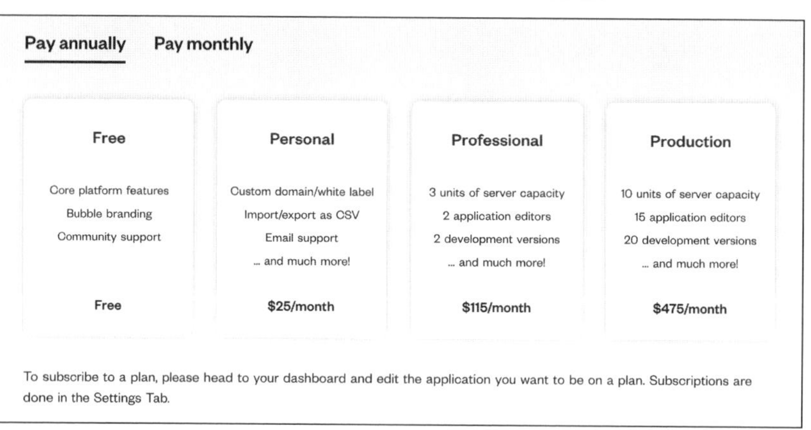

ここでは無料と有料の違いについて解説します。

◆本番環境への適応

先述の通り、Freeプランではテスト用のアプリを作成することしかできないため、実際にサービスを運用することはできません。

具体的なポイントとして、データベース（後述）の制限が200レコードであることや、そもそもサービスのURLに「version-test」という文字列が強制的に入るので、本番運用にできない仕様となります。

◆データ保存量の制限

先述の200レコードとは別の単位での制限があります。Freeの場合は0.5GBまでしか写真や文字データを保存することができません。データベース側が200レコードに達していない場合でも、こちらが先に上限を迎える場面が考えられます。

アカウント登録

それでは、さっそくBubbleのアカウント登録をしてみます。アカウントの登録自体は無料で誰でも行うことができます。

メールアドレス登録

「https://bubble.io」からBubbleのアカウントを作成します。上部のMenuから無料でアカウントは作成できます。

新規でアカウントを登録すると、下図のようなアンケート画面が出てくる場合がありますが、右上の「×」をクリックして閉じてもらって問題ありません。

チュートリアルに関して

登録が完了すると、下図のようにWelcomeと書かれたページが表示されます。このページは、Bubbleの基本的な操作がチュートリアルとして解説されたものになるので、興味のある人は挑戦してみてください。ただし、説明はすべて英語で、あまり親切な解説がされていないので逆に混乱する場合があります。筆者自身もこのチュートリアルを何周かしましたが、結局何をやっているのかわからずー度、数カ月間、Bubbleを諦めていた時期もあります。このチュートリアルで詳しく解説されていないような、初心者が混乱するようなポイントを解説していくのが本書の目的なので、ぜひ実際に手を動かしながら学習を進めてみてください。

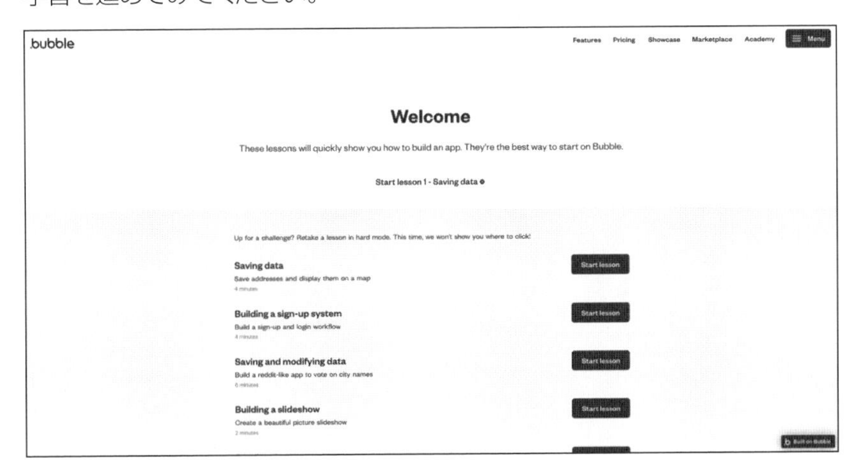

テンプレートの使用

Bubbleにも他のツールと同様にテンプレートが存在します。テンプレートには無料のものと有料のものがあります。

テンプレートでは、自分が1から設計してデザインをしてアプリを作成する手間を抑えてくれる面もありますが、注意点もいくつかあるので紹介します。

テンプレートは、BubbleのサイトのフッCター部分のEcosystem→Templateから一覧を見ることができます。

テンプレートの見方

上述した方法で、「https://bubble.io/templates」にアクセスします。そのページでは、キーワーやカテゴリーなどからテンプレートを検索することができます。

各テンプレートにマウスカーソルを合わせると、下図のように「Details」と「Preview」と書かれたボタンが浮き上がるので、「Preview」をクリックすると、そのテンプレートがどのような画面の構成なのかをお試しで見ることができます。

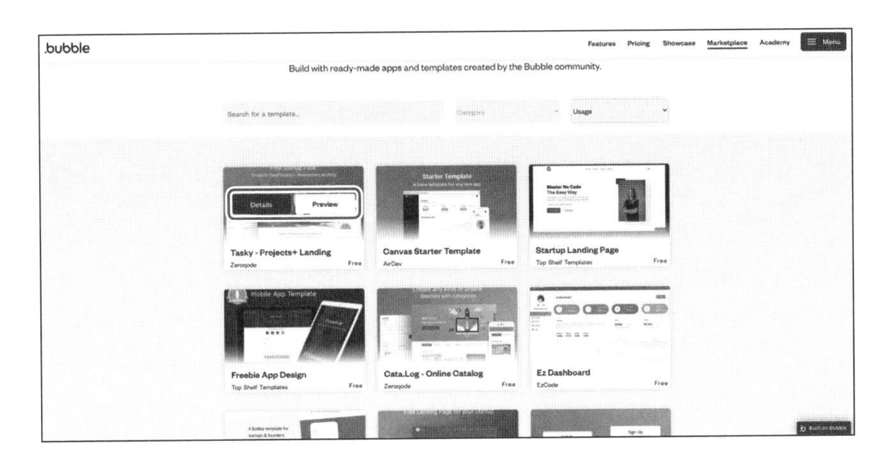

テンプレートの種類

テンプレートには3つの種類があります。用途にあったテンプレートをうまく活用すると、開発がスムーズに進むので活用してください。ここでの種類は、Bubbleが定めるものではなく筆者が分類したものなので参考までに理解してください。

◆サービス型

サービス型は、既存サービス(たとえばUberやAirbnb、ECサイトなど)が、もう1つのサービスとして丸ごと再現されたテンプレートです。自分が作成したサービスに似たようなサービス型のテンプレートがあれば、参考にしてみるといいかもしれません。

◆機能型

機能型はそれ単体ではサービスとしては成り立たないが、サービスの一部分を再現したテンプレートです。たとえば、LINEのようなチャット機能・サービスのチュートリアル・登録/ログイン機能などがあります。

◆パーツ型

パーツ型は、サービス型とは違って各パーツをキットのようなものとして取り揃えているテンプレートです。iPhoneのポップアップ(後述)を再現度高く表現したものや、ボタンなどを取り揃えてくれています。

Bubbleのテンプレート一覧ページから、これらの種類のどれに該当するかは先述したPreviewの方法で1つひとつ確認するか、もしくは「Preview」ではなく「Details」のボタンをクリックすることでテンプレートの詳細が文章で書かれたページを閲覧することができるので参考にしてください。

テンプレートの使い方

では、テンプレートを実施に使う場合の方法を紹介してきます。

はじめてそのテンプレートを使用する場合と、2回目以降では方法が少し異なります。ここで解説するのは、次節のアプリの新規作成手順とも被る箇所があります。

はじめてテンプレートを使用する場合、201ページの図の「Details」から使用したいテンプレートの詳細ページに行きます。そして、「Use template」ボタンをクリックします。

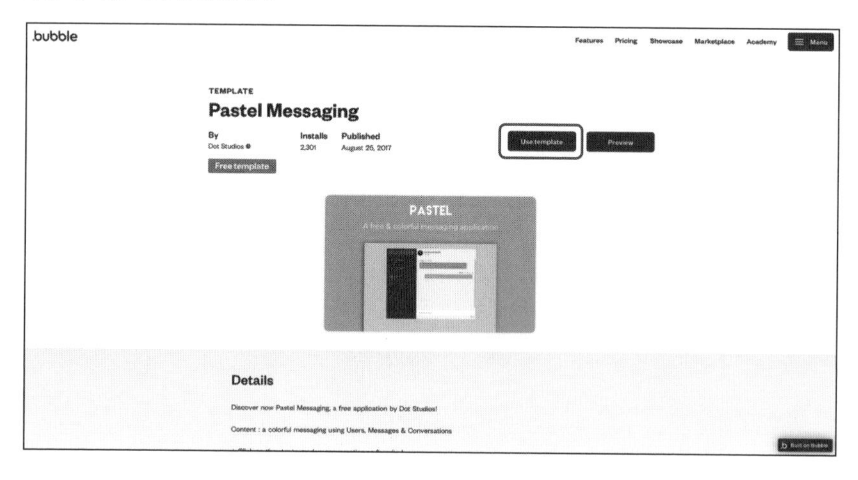

無料のテンプレートであれば、次ページの図のようにポップアップが表示され、「Use now」をクリックし、「Go to my apps」を選択します。

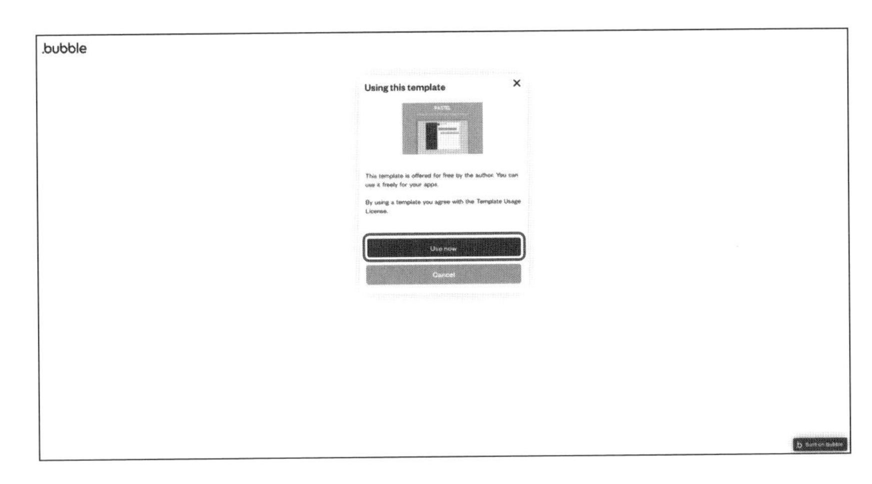

すると下図の画面が表示されます。ここで、今から作るアプリ・サイトの基本的な項目を入力していきます。

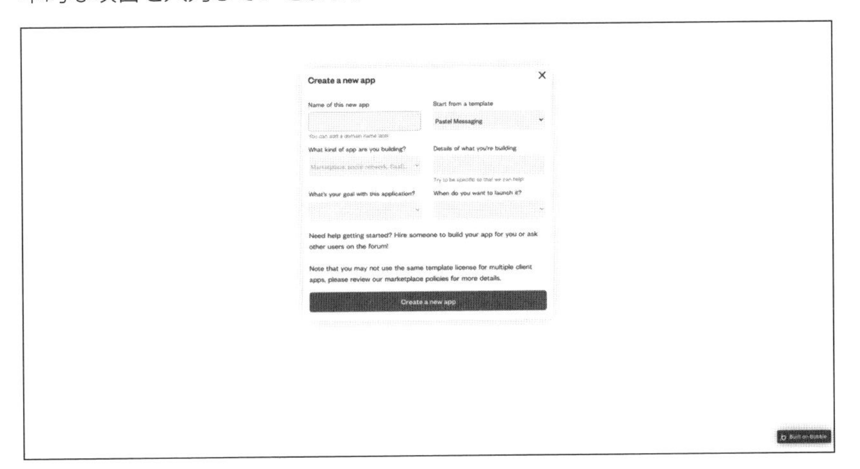

入力項目は次のようになります。

◆Name of this new app（アプリ名）

先ほど、Bubbleにはドメインが必要で、デフォルトでは「○○.bubbleapps.io」となると説明しました。ここでいう「App name」とはこのサービスの○○にあたるURLになります。そのため、すでにBubbleのプラットフォームで別のユーザーが使用している「App name」は指定することができません。また、小文字半角英数字、ハイフンのみで構成される文字列であることも注意です。

◆ Start from a template(テンプレート)

ここでは、先ほど選択したテンプレートが選択されていることを確認します。また、2回目以降での利用の際は、後ほど解説しますが、マイページから新しいアプリを新規作成をしてここの「Start from a template」から過去に使用したことがあるテンプレートを選んで開発をしていきます。テンプレートを使用せずに0から開発を始める場合はここを空欄に設定します。

◆ What kind if app are you building?(サービスの概要)

今から開発するサービスが、どんなものなのかをカテゴリーから選びます。ここで選択する内容は後の開発に影響はなく、単にBubbleがデータを収取するために入力をするので何を選んでも問題ありません。

◆ Deals of what you're building(サービスの詳細)

ここは、「What kind if app are you building?」で選択した概要に対して詳細に書いてくださいという記入欄ですが、空欄のままでも問題ありません。

◆ What's your goal with this application?(目的)

アプリを何目的で使用するのかを回答します。これも、お試しで触ってみるだけとかであれば「Build a tool for my self」などで適当なものを選んでください。ここで選択する内容は後の開発に影響はありません。

◆ When do you want to launch it?(いつ完成するのか)

大体の目安で、これくらい開発に期間がかかるだろな～というのを選んでください。ここで選択する内容は後の開発に影響はありません。

こうしてCreate a new appをクリックすると、テンプレートからアプリを新規で作成することができ、実際に開発ページに遷移します。

ここではあくまでテンプレートのインストールの仕方を解説したので、具体的な開発ページの解説は207ページから具体的に進めていきます。

テンプレートを使用する目的

テンプレートは、Bubbleを使いこなしたプロたちが開発したものなので、とても魅力的に思えるでしょう。ただし、テンプレートを使用するにあたって注意点などを紹介します。

そもそもテンプレートを使用する場合、多くの方は「自分が作りたいものに似たようなサービスがあるからそのまま使ってしまおう」「はじめから出来上がっているからラクができる」などと考えがちですが、実はそうではありません。

テンプレート(特に先述したサービス型)では、あまりに完成度が高く機能が充実していて、複雑な裏側の処理、きれいなビジュアルが緻密に作り込まれています。そのため、あまりBubbleに慣れていない初心者が、少しオリジナルを加えて変更したり、デザインを変えようとすると一気にそのバランスが崩れ、場合によってはエラーが発生してサービスを公開できない可能性がとても高いです。

特にBubbleや他のノーコードツールでは、海外の開発者が提供しているテンプレートがほとんどのため、そのまま言語を変更せずに日本人向けのサービスを作ることは不可能です。サイト内のすべての言語を日本語にしていく作業があったり、少しカスタマイズしていくためにはそれなりのBubble網羅性のある知識、操作はわかることが前提になります。

したがって、筆者はサービス型のテンプレートを購入してそのままサービスを出そうとすることは推奨できません。おすすめのテンプレートとの上手な使用方法としては、機能型として購入して、「チャット機能はこうやって作るのか」「このようにデザインを作っているのか」など、部分的にBubbleのお手本を学んでいくための教材として購入するのがとても有益になると考えています。そこである程度の基礎知識を身に付けた上で、0からテンプレートを使用しなくてもサービスの開発ができる段階になってようやく、サービス型のテンプレートがいじれるようになって来ます。

また、テンプレートの一覧を眺めながら、Bubbleでこのようなサービスも作れるのか、という発想を巡らせるのもいいかもしれません。

おすすめのテンプレート

前述のとおり、ここでは学習目的でのおすすめのテンプレートを紹介します。開発ページで、どのように作っているのかをぜひ1つひとつ部品、動作をみて勉強してみてください。

◆ Mobile UI Kit

「Mobile UI Kit」はモバイルアプリ向けのUIパーツがそのまま色々なパターンが用意されていて、とても参考になります。

URL https://bubble.io/template/mobile-app-ui-pack-1586972825540x237128367982510080

◆ openBase Starter Template

「openBase Starter Template」はどんなサービスでも使用するような管理画面や、サイドバーなどが再利用可能で使用することができます。

URL https://bubble.io/template/openbase-starter-template-1586724133568x174997519488516100

◆ Animated Features

「Animated Features」もパーツ型のテンプレートです。Bubbleにはアニメーションを加えることができて、画面に表示するパーツを動かすことができます。その参考としてとてもおすすめです。

URL https://bubble.io/template/animated-features-1487859732864x348491795263651840

テンプレートを使用しない開発

本書ではTwitterを模倣したSNSアプリを作成します。そのため、テンプレートは使用せずに、マイページから新規でNew appからアプリを作成してください。

下図はテンプレートを使用せずに作成したアプリの開発画面です。

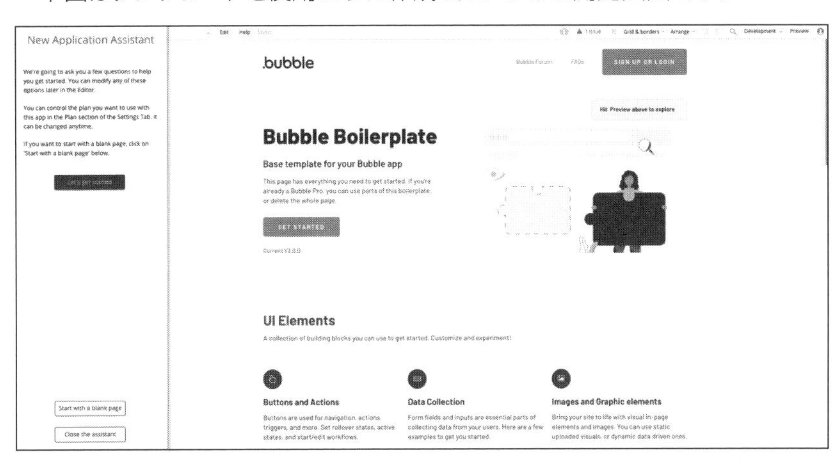

テンプレートの使用をしなかった場合も、このようにBubbleのデフォルトのテンプレートのようなものが出てきますが、今回は完全に真っ白の画面から説明を始めるので左下の「start with a blank page」をクリックしてください。左のエリアに表示されている箇所は、ガイドなので左下にある「Close the assistant」をクリックして閉じでください。

以降では、実際の開発画面の解説とともに、使い方を紹介していきます。

開発画面の画面構成

下図が実際に開発を進める開発画面（Editor）になります。

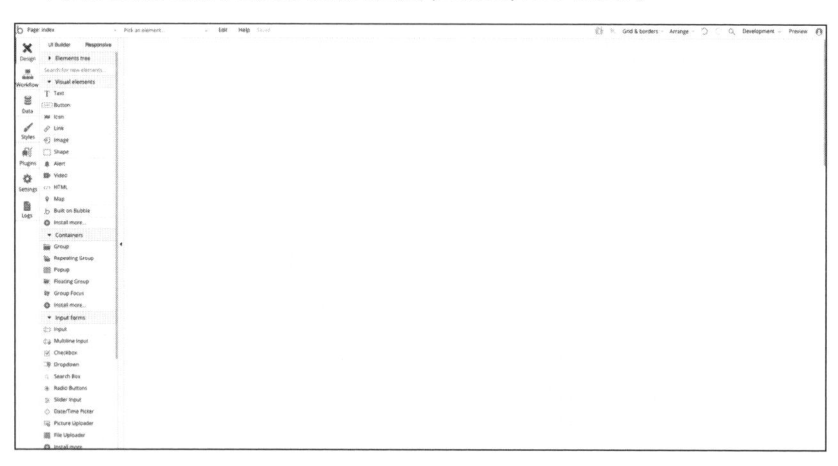

Editorは、役割ごとに大きく分けて7つのタブで作られています。画面の左に配置されたタブにそれぞれ配置されているので簡単にアクセスすることができます。

タブにはそれぞれ、「Design」（デザインタブ）、「Workflow」（ワークフロータブ）、「Data」（データタブ）、「Style」（スタイルタブ）、「Plugin」（プラグインタブ）、「Setting」（セッティングタブ）、「Log」（ログタブ）があり、これから1つずつ役割を紹介します。これらは今はすべてを理解する必要はありませんが、実際に手を動かしていく際に自然と役割が見えてくると思います。

◆「Design」タブ

「Design」タブは、アプリケーションやWebサイトの画面を構成していく画面になります。後述しますが、テキスト・画像・ボタン・入力フォーム・マップなど、アプリを使用するユーザーが目にして触れるものを作り込んでいくのが「Design」タブです。Bubbleが他のツールと違う点は、デザインにおいて自由度の高い創作をできることです。ボタン、テキスト、写真はパワーポイントのような感覚で自由な場所に配置できます。また、他のツールにはないレスポンシブという概念が適応されます。

レスポンシブは、パソコンとスマホでそれぞれのデザインを調整することで、どのデバイスで開いても不自然にならない見栄えを作成できます。

◆「Workflow」タブ

「Workflow」タブは、アプリケーションの動作を作っていく画面です。たとえば、「Design」タブで配置したボタンに対してユーザーがクリックしたときに、「お問い合わせが送信される」「ページが変わる」などの操作を設定できます。この「workflow」タブが、Bubbleでは特に強力になっており、さまざまな複数のアクションを組み合わせて複雑な処置を行うことができます。

◆「Data」タブ

「Data」タブは、アプリケーションが所有するデータを保存・管理する画面です。Bubbleではデフォルトで「User」というデータがはじめから用意されています。これにより、ユーザー登録が必要なサービスを簡単に作成できます。その他にも、Bubbleの「Data」タブには自分で定義したデータを保存していくことが可能です。

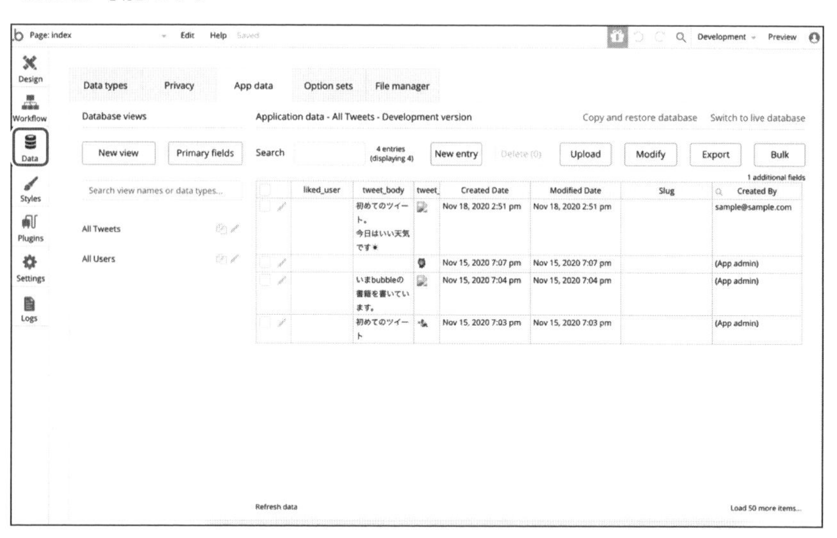

◆「Style」タブ

「Style」タブは、テキストやボタンの見た目の部分を、一括で管理できる画面です。「Style」は非常に便利で、たとえばアプリケーションの画面A、画面B、画面Cがあったとして、そのすべてに置かれたボタンのフォントの色やサイズをこの「Style」を変更することで、一括で変更できます。詳しくは後に説明します。

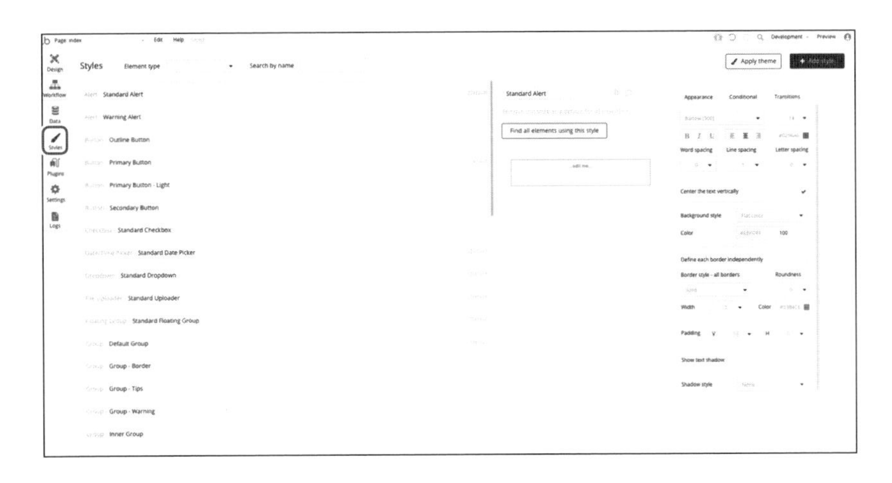

◆「Plugins」タブ

Plugin(プラグイン)とは、Bubbleの標準に備わった機能に加えて、世界中のBubbleの開発者がオリジナルで作成した拡張機能を誰でも使えるようにされたパッケージです。

たとえば、何らかの進行状況をバーで表示したい場合に使用する「Progress Bar」や、AIで画像認識を行うために使用するためのプラグイン、「Data」に保存されたデータをグラフ形式に表示するプラグイン、QRコードを作成するプラグインなど、おおよそ1000を超える数のPluginが世界中のエンジニアから開発されています。

次ページの図は、「Plugin」タブを開いた状態で右上の「Add plugins」をクリックしたときに表示されるプラグインの一覧です。ここから目的にあったものを検索することができます(反応が悪いので、1回クリックしてしばらく待ってみてください)。

よく使用するおすすめのプラグインに関しては、筆者が作成したTwitterのまとめリンクからご覧いただけます。

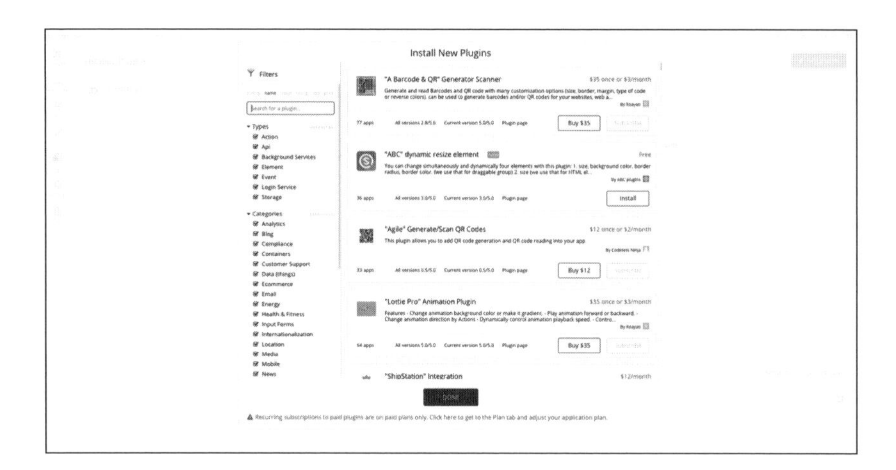

◆「Settings」タブ

「Settings」タブでは、一般的な設定に関係する情報を変更できます。195ページで紹介したプランの変更などはここから行うことができます。他にも、言語設定、独自ドメインの設定などが可能です。他にもたくさんの項目がありますが、最低限のアプリ開発に必要な項目はあまり多くないので不安になる必要はありません。

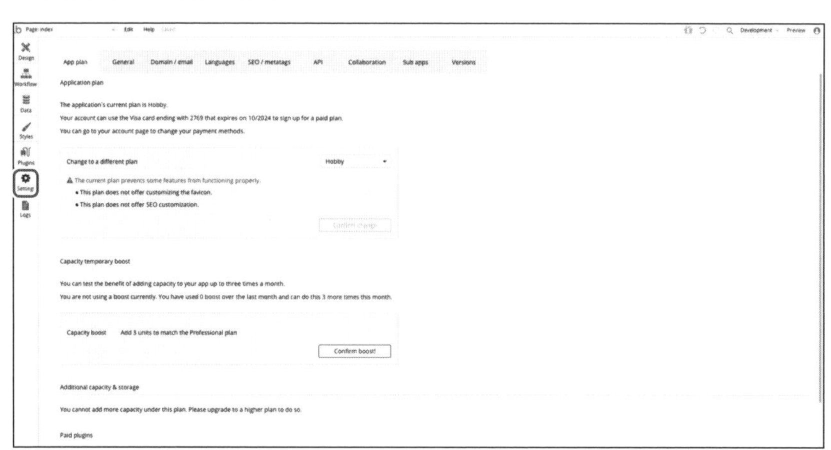

◆「Logs」タブ

「Logs」タブでは、アプリケーション全般の処理の記録を見ることができます。あまり使用する機会はありませんが、「Workflow」で行われている裏の処理をより詳しくみたい場合などに使用します。

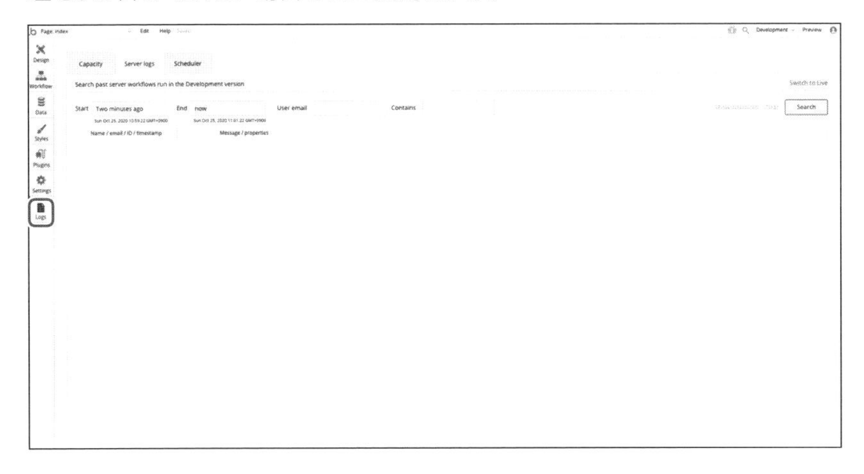

ここまでおおよそのタブごとの役割を解説しました。次からは、さらに詳細に使い方を紹介していきます。いよいよアプリの開発が始まるので実際に手を動かしていきましょう。

エレメント

まずはじめは、「Design」タブで画面の構成を作成していきましょう。

新しく作成したBubbleの画面に戻り、「UI builder」の部分にエレメントを配置していきます。エレメントには複数のカテゴリーがあり、それぞれ用途があります。

Visual elements

「Visual elements」はビジュアル、つまり図の中でも並んでいるように、「Text」「Button」「Icon」「Link」「Image」「Shape」「Alert」「Video」「HTML」「Map」「Build on Bubble」などがあります。

たとえば、「Text」にマウスポインターを合わせて、右側にドラッグ&ドロップしてみてください(「Text」をクリックして青くなった状態で右側をクリックしても同様です)。すると、次ページの図のように青いエリアが作成され、同時に黒い部分の「Property area」(プロパティエリア)が表示されます。この「Property area」内で、「Text」エレメントの詳細を変更していきます。

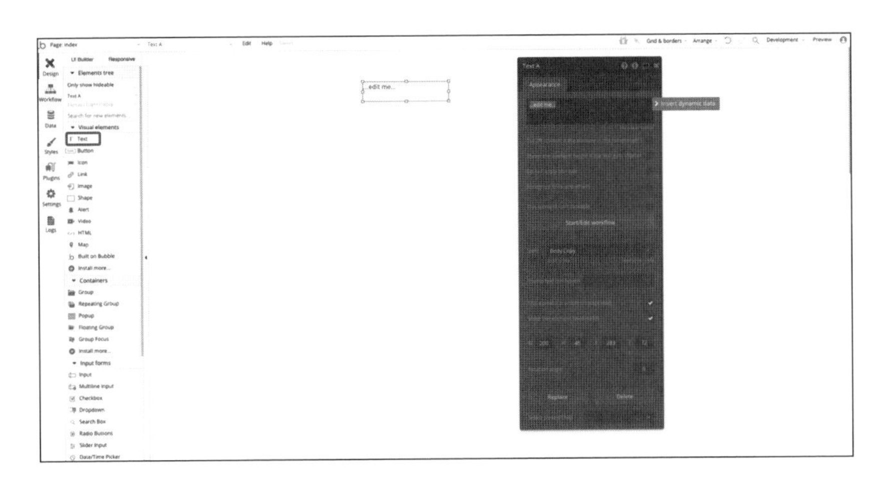

まずは試しに、「初めてのBubble」と入力してみましょう。すると、先ほど設置したTextエレメントに、「初めてのBubble」と表示されたことが確認できます。この状態で、右上の「Preview」と書かれた箇所をクリックすると、ユーザーが実際に画面上で見ることになる画面を確認することができます。

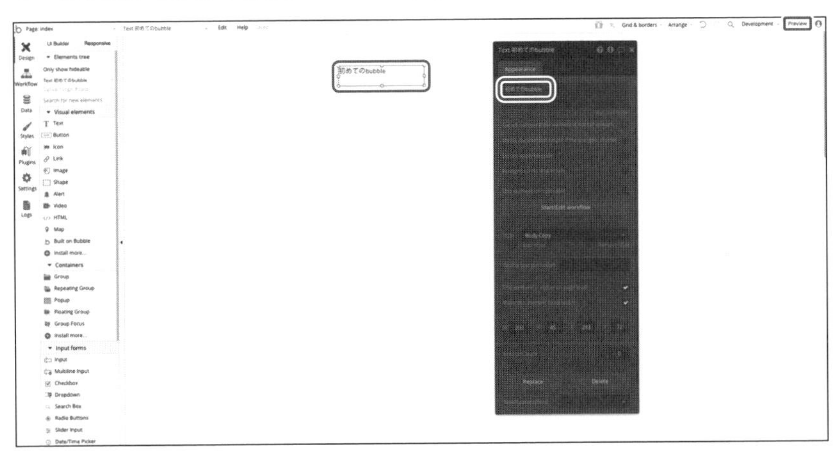

下図のように真っ白な画面上に、「初めてのBubble」と表示されているのが確認できます。

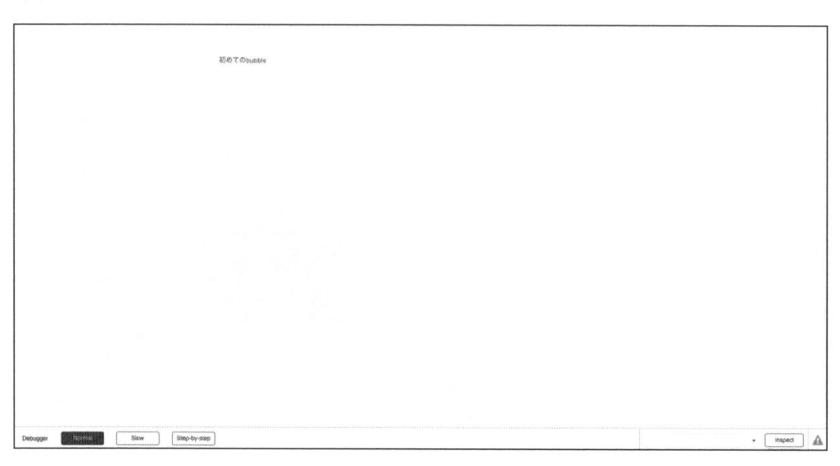

基本的にはこのように、「Text」や「Button」などのElementを選んで、画面に配置して、「Property Area」で文字の見た目（文字色、背景色、フォントサイズ、フォントなど）変更して、下図のように装飾をしていくことが可能です。

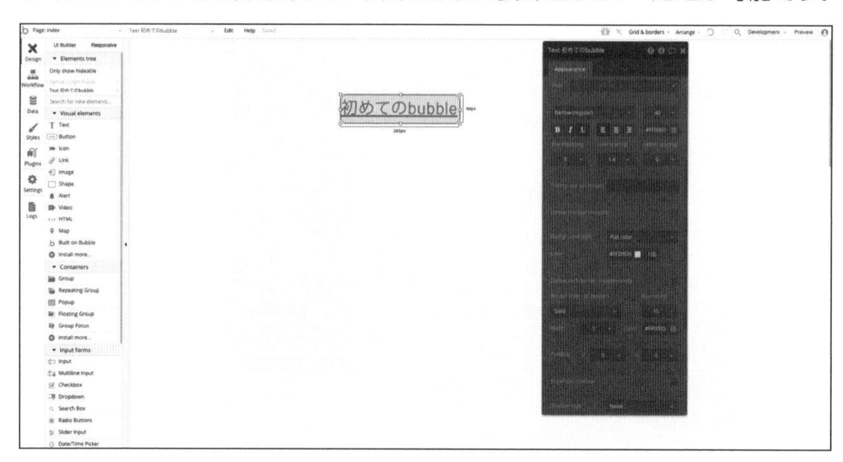

Containers

Container（コンテナ）は入れ物という意味です。「Containers」は、その入れ物の中に「Text」や写真などを入れ込んで、意味のある集まり（グループ分け）にすることで、開発しやすくなります。たとえば、サイトのヘッダー部分を「Group」で囲うなどです。それぞれの使い方は後ほど解説します。

Input forms

「Input forms」は、ユーザーに対して入力をしてもらう際に使用します。ユーザー登録時の名前、メールアドレス、パスワードの入力や、プロフィール画像のアップロードなどが可能です。

Reusable elements

Reusableとは、再利用ができるという意味の英単語です。たとえば、サイト全体を通してヘッダーやフッターは同じものを使用するので、各ページですべて作り替えるものではなく、1つの「Reusable elements」として使用すると効率よく開発ができます。このとき、「Style」の説明でもしたように、大元の1つを変更すればすべてのページに配置したものが変更されるため、何度も同じ修正をしなくても済みます。

Element template

「Element template」はBubbleが用意してくれている要素パーツのテンプレートのようなものですが、筆者は使用したことはないので特に解説しません。種類も限られているので、気になる方は画面に設置してどのようなものか確認してみてください。

その他機能

「Design」タブには他にもいくつか機能があります。中でも開発する上で必須になる箇所を紹介します。

◆Element tree

「Element tree」は、エレメント一覧の最上部に配置されたエリアです。画面に配置されたすべてのエレメントがどのような構造で配置されていて、どのようにグループ化されているのかを確認できます。たとえば、次ページの図のKoremoのエディターでは、「Group Search」という文字の左の「+」をクリックすると、グループの中が展開されます。「Group Search」の中には、「Header」、「Image Book」、「Group menu(の中にTextが3つ)」、「Group _toSign」、「Group 本をシェア」、「Group検索」、「RandomNumber」(乱数を作成するプラグインの1つ)というエレメントで構成されていることが確認できます。

これらの名前は開発者自身が任意で決めることができ、自分が把握しやすいように変更をすることができます。画面上でエレメント同士が重なり合ったり、開発のために非表示にしているエレメントなどは、この「Element tree」から選択することができます。

◆ページ追加

Webサイトは1ページで構成されていることが少なく、トップページやマイページ、商品検索ページなどに分かれていることが一般的です。Bubbleでも Webページを複数で構成させることが可能で、その方法を紹介します。画面左上の、「Page:index」と書かれた箇所をクリックすると、下図のようにサイト内のページの一覧が表示されます。

Koremoの場合はすでにたくさんのページが作成されていますが、新しく作ったサイトでは、「index」「reset_pw」「404」の3つのみ存在しています。「Index」はサイトのトップページになるページで、名前を変更することはできません。また、先ほど説明した「Reusable element」も同じく「Footer」「Header」「Signup/Login Popup」の3つが用意されています。では、下図左上の「Add a new page…」をクリックしてください。

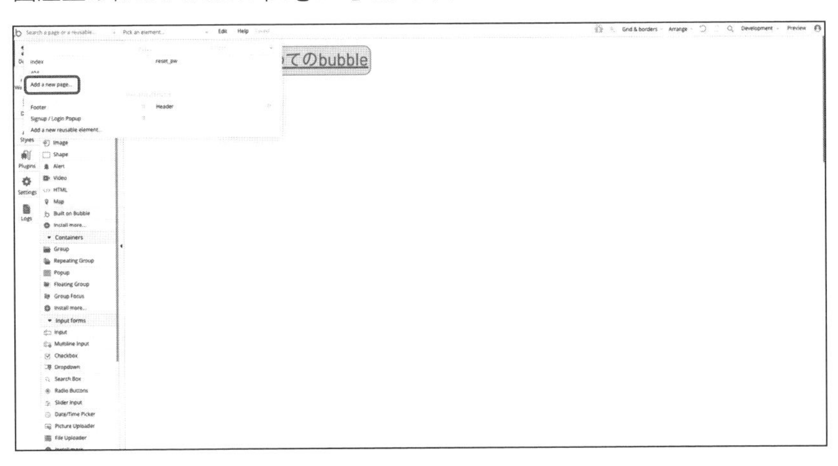

すると、下図のように、「Page name」と「Clone from」というポップアップが表示されます。

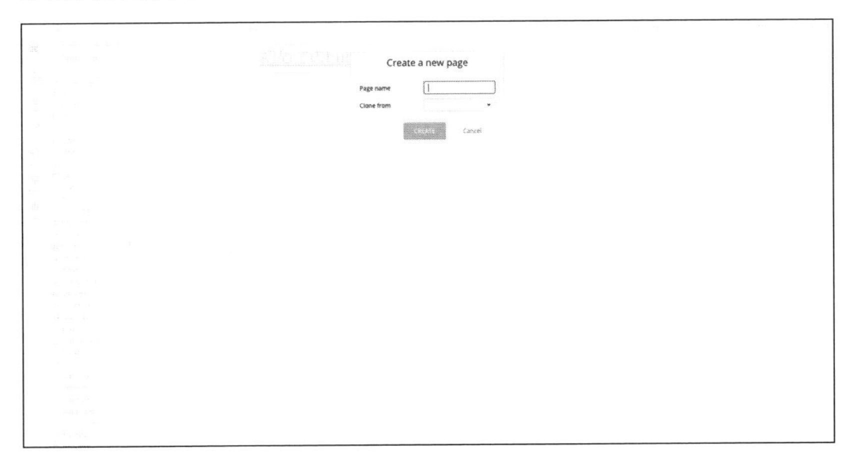

「Page name」に入力したものがURLの一部となってサイトに追加されます。197ページで解説した通り、Bubbleでは「○○.bubbleapps.io」というのがサイトのURLになり、それに続いて、「○○.bubbleapps.io/mypage」や、「○○.bubbleapps.io/detail」など、スラッシュ以降の文字列で特定のページを定義します。「Page name」は、そのスラッシュ以降になる単語などのことです。ここでは日本語は設定できないので、半角英字で入力するのが一般的です。試しに今回は、Koremoでいう検索結果ページである「search」としてみましょう。

「Clone from」は、すでに作成したページなどを作成するときに、真っ白なページから0から作り直す必要はない場合にもとのページを丸ごとコピーして新しいページを作成してくれます。試しに今回は、「Clone from」で「index」を選択して、「CREATE」ボタンをクリックしてください。

そうすると、下図のようにindexページで作成したページとまったく新しいページが作成されたことがわかります。確認のため、もう一度、画面左上を見ると、「Page:search」となっていることがわかり、さらにクリックすると、「index」「search」「reset_pw」「404」の合計4ページになりました。このようにして、必要に応じてページを追加してサイト･アプリを作成していきます。

SECTION 32 ワークフロー

ここでは、フロントとバックを繋ぐための処理を作る画面を紹介します。Bubbleでは、「Workflow」と呼ばれ、「Design」タブの1つ下の「Workflow」タブから設定していきます。

Workflowは、大きく分けて2つから構成されます。まずその動作が起こるためのトリガー、そして、動作そのものです。たとえばボタンがクリックされたらページを遷移する、ログインボタンを押すとログインされる、などです。これらのセットを自由に作ることで、Bubbleでは汎用性が高い複雑な処理を実現させていきます。

トリガー

トリガーにはたくさんの種類があります。その中でも特に使うのが、次の2つです。

- An element is clicked
- Page is loaded

上述した「○○がクリックされたとき」や、「ページが読み込まれたとき」というトリガーです。

トリガーを設定する方法は2種類あります。1つ目は「Workflow」タブから設定する方法、2つ目は「Design」タブのエレメントの「property editor」から設定する方法です。

トリガーを設定する前に、今回は「index」ページに戻って次の操作をしてみましょう。「Index」ページに配置したテキストをクリックすると、「search」ページに遷移するという動きを作ってみます。

◆「Workflow」タブから

1つ目に関しては、「Workflow」タブの「click here to add an event…」という箇所をクリックすると、その下に「General」「Elements」「Custom」と3つの選択肢が表示されます。今回はエレメントがクリックされたことをトリガーにしたいので、「Elements」の「An element is clicked」を選択します。

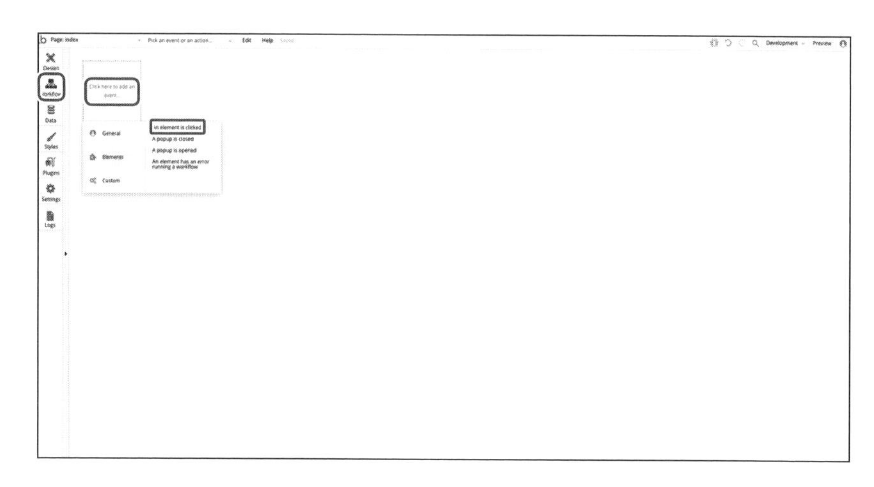

これだけでは、どのエレメントがクリックされた時かをまだ指定できていないので、下図のように「Element」に「Text 初めてのBubble」を選択します。

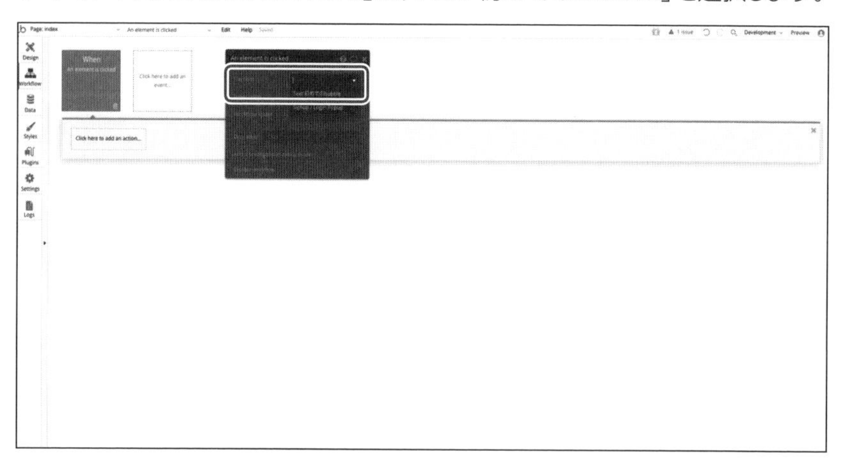

これでトリガーの設定は完了です。

アクション

次に、ページを遷移するというアクションを設定します。先ほど作ったトリガーの下に表示されている「Click here to add an action…」をクリックすると、たくさんの種類のカテゴリが表示されます。

- Account
- Navigation
- Data
- Email
- Payment
- Analytics
- Element Actions
- Plugins
- Custom Events

これらのカテゴリーは、アクションを大まかに分けたもので、用途によって使い分けがされています。今回はPageを遷移させるアクションを「Navigation」の「Go to page…」から選択します。

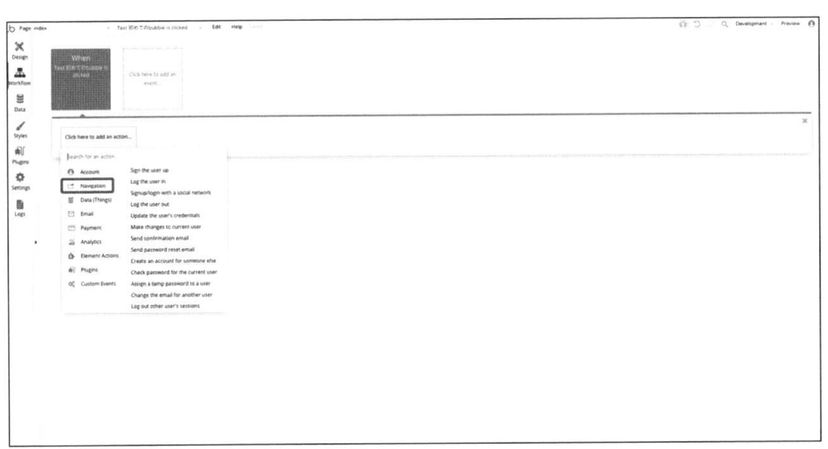

選択すると、次の図のように表示されるので「Destination」から遷移先のページ(今回はsearch)を選びます。

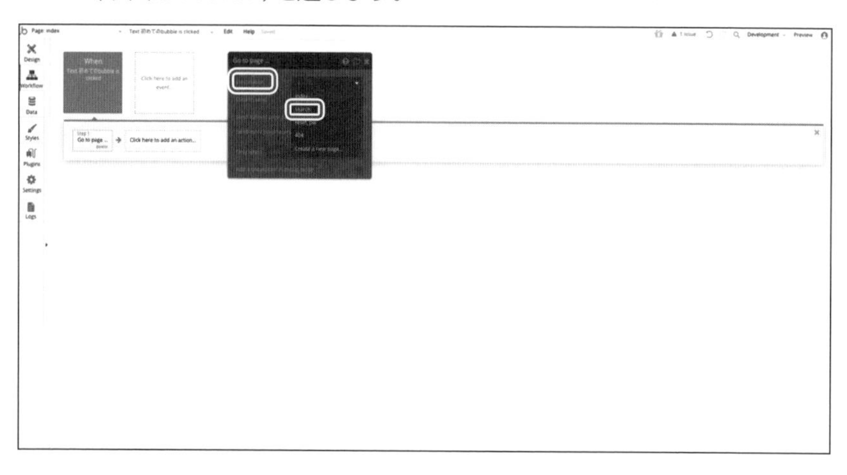

これで、トリガーとアクションの2つを設定できました。それでは右上の「Preview」をクリックしてプレビューを確認してみましょう。

配置されたボタンをクリックすると、ページのURLが「https://○○.bubbleapps.io」から、「https://○○.bubbleapps.io/search」というページに遷移したことが確認できます。

ここでURLについて補足ですが、「https://○○.bubbleapps.io」の他に、「/version-test?debug_mode=true」という文字列が付け加えられています。「/version-test」は、このプレビューが開発モードであることを示しており、「debug_mode=true」に関しては本書では無視していただいて問題ありません。

◆「Design」タブからのトリガー設定

先ほどは、「Workflow」タブからトリガーを設定しました。次に紹介するのは、「Design」タブからWorkflowを設定する場合です。「An element is clicked」をトリガーにする場合は、これから紹介する方法の方が簡単に設定できます。

いったん先ほど作成したWorkflowは、トリガーの部分を1度クリックして右下のゴミ箱マークをクリックして削除してください。もしくはキーボードの「delete」キーで削除できます。

次に「Design」タブに戻って、トリガーを設定したいエレメントを選択してください。すると、そのエレメントの「Property editor」の中央にある「Start/Edit workflow」というボタンがあるので、それをクリックしてください。クリックすると、「Workflow」タブに移り変わって、先ほどと同じようにこのエレメントがクリックされたとき、というトリガーが作成されます。

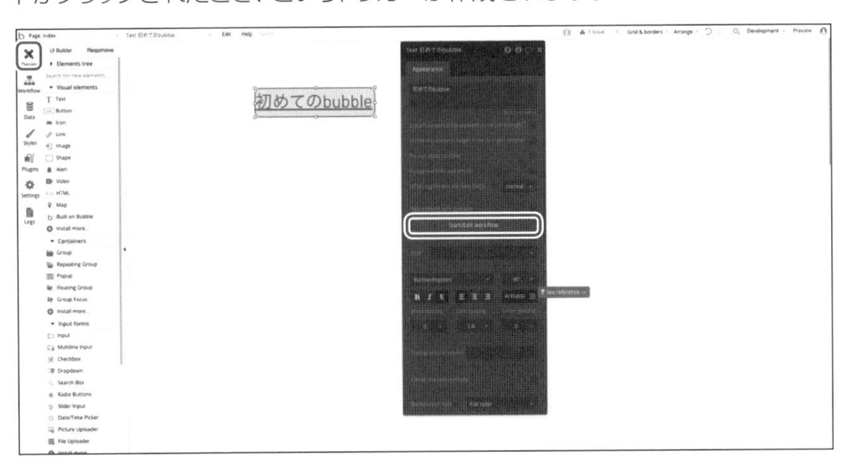

このようにトリガーとアクションをセットにして作成していき、Bubbleでアプリの処理を作成していきます。1つのトリガーに対して複数のアクションを設定できたり、条件分岐させることも可能です。

アクションにはたくさんの種類があるので、必要になった際に都度、覚えていきましょう。

SECTION 33 データベース

ここからはBubbleにおけるデータベースの扱いについて解説します。これまでのツールと同様にBubbleのデータベースにもデータベースが存在しますが、デフォルトで「User」という名前のテーブルが存在します。このテーブルは、ユーザー登録が行われた際に使用されるもので、「email」「Modified Date」「Created Date」「Slug」という4つのfieldを持っています。「Slug」とは、TwitterなどでいうIDのようなものに値し、それぞれのデータレコード特有の文字列を与えることができます。また、これらの「Modified Date」「Created Date」「Slug」の3つは他のどのテーブルにも標準で備わっているfieldです。

構造の理解

データベースの考え方は他のツールと同様ですが、Bubble特有の言葉の定義を紹介します。

◆Type

今まで紹介したて「User」テーブルは、Bubbleでは正確には「User Type」と呼ばれます。その他にもたとえばECサイトをBubbleで作る際は「Product Type」や「Order Type」を作成する必要がありますね。

◆Field

「Field」とは、各Typeが持つ変数です。「User Type」が持つ「email」「name」「address」など、実際にデータを保管するものが「field」です。

◆List

「List」とは、1つの型に対して複数のデータを格納するときに使います。たとえば、「User Type」に「follower」というfieldを作成して、自分がフォローしているユーザーが百人や千人、最大1万までリストとして格納できます。

型

Bubbleのデータベースにも型の指定が必須です。Bubbleには次のような型があります。最後の作成した「Type」とは、リレーションのことを示しています。たとえば「Tweet Type」を作成して、ツイート本文の「Tweet」（「text」型）、いいねしたユーザー一覧の「Like」（「User」型の「List」）、ツイートした時間の「Created Date」、などと設計していくことができます。

- text
- number
- numeric range
- date
- date range
- date interval
- yes / no
- file
- image
- geographic address
- 作成したType

プラグイン

Bubbleには標準でさまざまなエレメントやアクションが備わっていますが、さらにその機能を拡張するために備わっているものがプラグインです。ここではよく使うプラグインを紹介します。

プラグイン	説明
Slidable Menu	ハンバーガーメニューと呼ばれるメニューを簡単に設置できる
Bootstrap Star Rating Input	レビューなどを書く際に星を表示して評価してもらう際に使用する
Slick Slideshow	スライドショーのように一定の時間で画像が入れ替わる画面を作成できる
Animated loaders	ページの読み込み中や処理の途中などで横線がうねったようなLoadingのアニメーションを簡単に設置できる
MasterVoice	音声の検知をトリガーにしてBubbleを操作できる

このように、標準ではなかったようなトリガーやアクション、エレメントを世界中のエンジニアがBubble向けに開発してくれているのがプラグインです。他にもマウスで絵が描けるプラグインや、音声を流すもの、音声を録音するもの、ユーザーの訪問を調べるものなど1000を超えるプラグインが登録されています。

SECTION 35 Twitterクローンで学ぶBubble開発

前節まで解説した、「Design」タブ、「Workflow」タブ、「Data」タブ、「Plugin」タブが理解できればいよいよサービスを作成できる段階になります。

ここからは、実際のアプリを参考にしてクローンを作成していきます。1つのアプリを作るにあたり、デザインの仕方、ワークフロー、データの扱いを学びます。

なお、ここで紹介するものは実際のKoremoのものとはバージョン管理などの理由で異なる場合があります。あくまで参考に一緒に手を動かしてみましょう。

構成

まず作成にあたり、どのようにアプリが構成されているのか、各ページのおおよその機能を紹介します。下記がTwitterクローンの画面一覧です。

- index………………… タイムライン
- profile……………… ユーザープロフィールページ
- notification……… 通知ページ
- search …………… 検索ページ
- message………… メッセージ
- reset_pw ………… パスワードリセットのページ
- 404 ………………… ページが存在しない場合のリダイレクト先

本書では、Twitterの基本機能である投稿機能、タイムライン、プロフィール画面を解説します。

トップページ

まずは完成系を見てみましょう。今回はTwitterのアプリのクローンということで、PCからTwitterにログインした状態で画面を右クリックし、「検証」をクリックすることで、次ページの図のような表示でTwitterを閲覧することができます。

ここでは画面上部のiPhone Xを選択しているので縦812px、横375pxとなっています。

では、Bubbleのエディターに戻り、画面サイズを作成します。

何も表示されていないindexページ上で右クリックをした後、「Property area」でページサイズを上記の縦812px、横375pxとします。その際に、「make this element fixed-width」のチェックボックスをONにします。こうすることで、どの画面幅のブラウザでプレビューを見ても同じ幅でデザインが崩れることなく表示されます。

画面構成を考える上で、パーツごとに分解をすると、フッター部分とヘッダー、さらにタイムラインの3パーツとしてみることができます。

まずはフッターを作成します。

◆ フッター

「Reusable elements」という特殊な作成方法を使用します。「Reusable elements」は、エレメントという名前ではありますが、他のテキストやボタン、グループエレメントとは別の方法で作成することができます。その方法は、画面左上のページ作成の「Page:index」をクリックし、グレーの横線より下に配置されている箇所が「Reusable elements」として複数のページに渡って再利用することが可能なパーツです。その中の「Footer」をクリックしてください。

すると下図のようにデフォルトで作られたフッターが表示されます。今回のTwitterクローンで利用できるパーツはなさそうなので、すべてを選択して削除してください。「Footer」も「index」と同様にサイズを変更します。何もない箇所で右クリックもしくはダブルクリックで「Property area」を表示し、「width」を375px、「height」を53pxに設定し、「background color」を「#FFFFFF」の白に設定します。

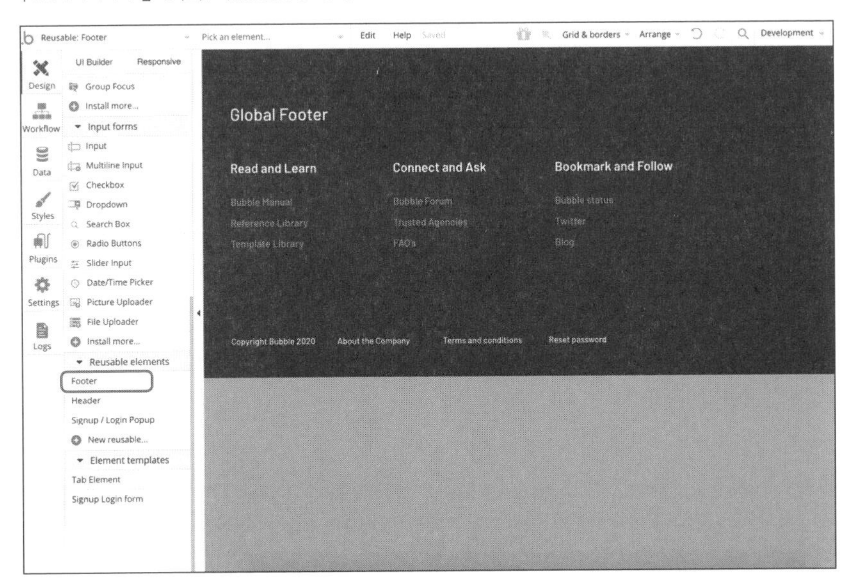

フッター部分には、アイコンが4つで、それぞれにホームへのリンク、検索ページへのリンク、通知ページへのリンク、メッセージページへのリンクが存在します。

では、画面左の「Visual element」の中から「Icon」をクリックして、フッターの中にドラッグして配置してください。すると、次ページの図のように旗のアイコンが表示されます。今回はホームの家のアイコンを表示するので、「Icon」エレメントの「Property area」から「Icon」の検索窓に、「home」と打ち込んでください。すると家のアイコンが選択肢で出てくるのでクリックして選択します。

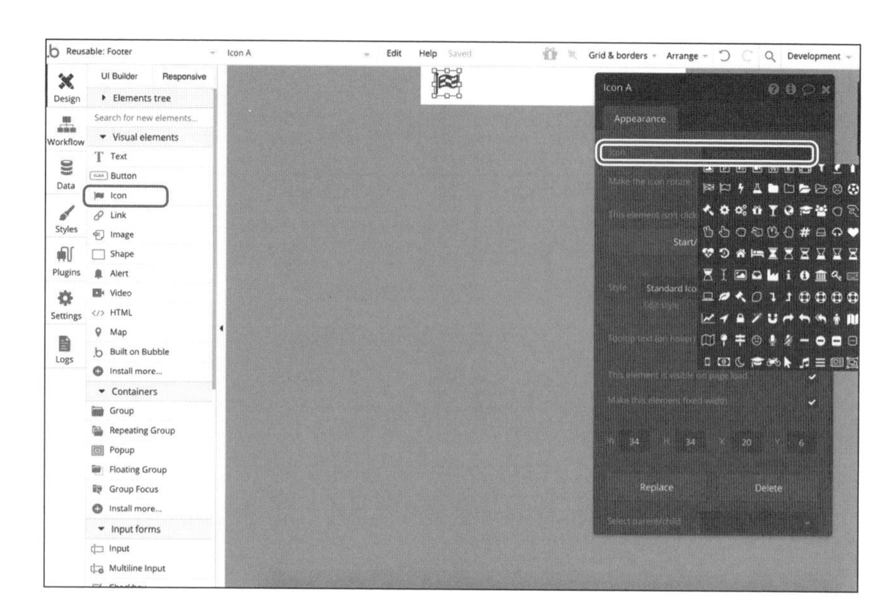

同様に、他の3つのアイコンも任意の位置に配置してください。

次に、アイコンのカラーを変更します。カラーを変更するには、「Property area」の「Style」と表示される箇所の右下にある「Remove styles」をクリックします。「Icon color」は下図のように表示されるカラーキャンバスから、下部に表示されているグレーの正方形をクリックします。カラーコードが「#999999」になっていることが確認できれば成功です。

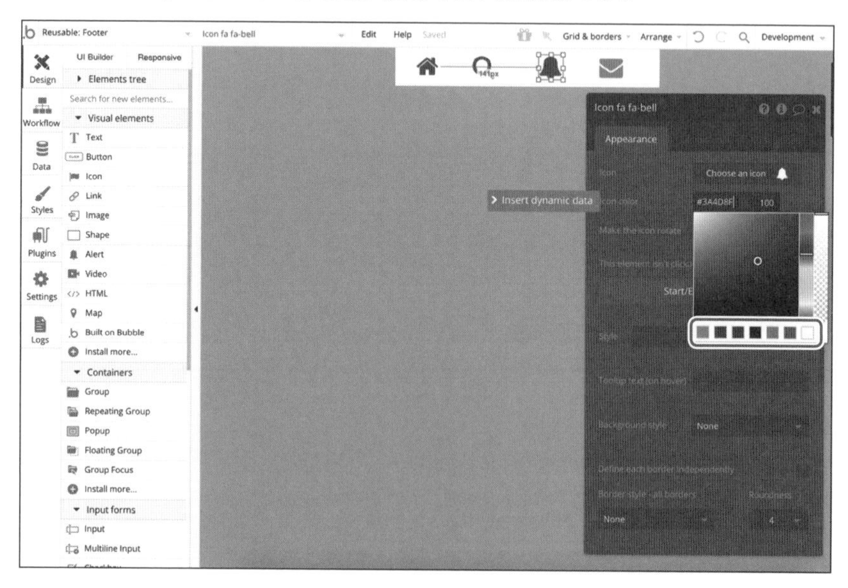

すべてのカラーを変更したことを確認します。

次に、該当ページのときにはフッターアイコンの色が青色になるように設定します。「Property area」の上部のタブを「Conditional」に切り替え、「Define another condition」をクリックします。この「Conditional」タブは、一時的な条件下でエレメントの状態を変更させる際に使用します。今回はページが「index」の際に、ホームのアイコンカラーを青にするという設定を行います。「When」に「Current page name is index」と設定し、「Icon color」は「#1EA1F1」とします。

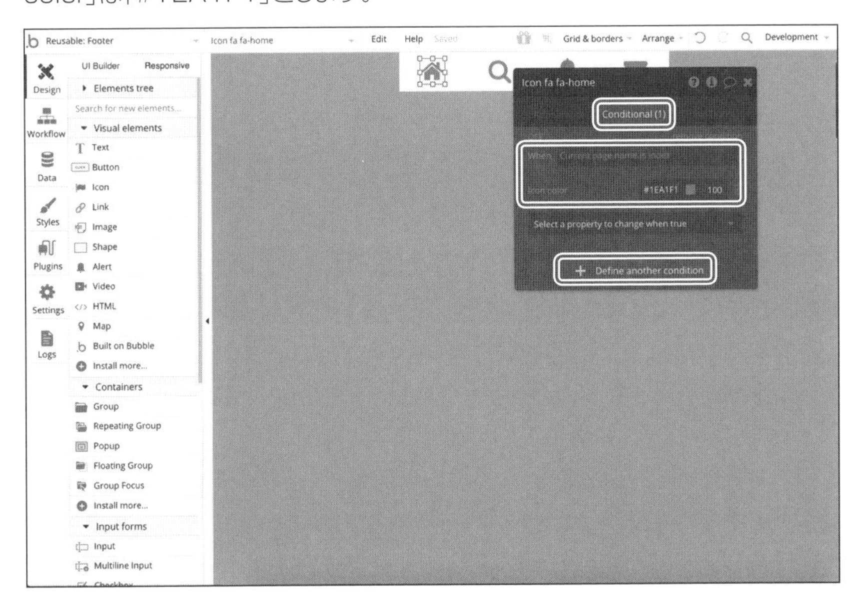

同様に、虫眼鏡のアイコンには「current page name is search」、ベルのアイコンにはページ名が「notification」、メッセージアイコンには「message」という条件をそれぞれ追加してください。これで、各ページでのアイコンカラーの変更ができました。

次に、アイコンをタップするとページを遷移するWorkflowを設定します。まず、ホームアイコンを選択した状態で「Property area」から「Start/Edit workflow」をクリックし、トリガーを作成します。

221ページで解説した要領で、クリックをトリガーにして「index」ページにページ遷移する処理を作成してみてください。次ページの図のようになっていれば正解です。

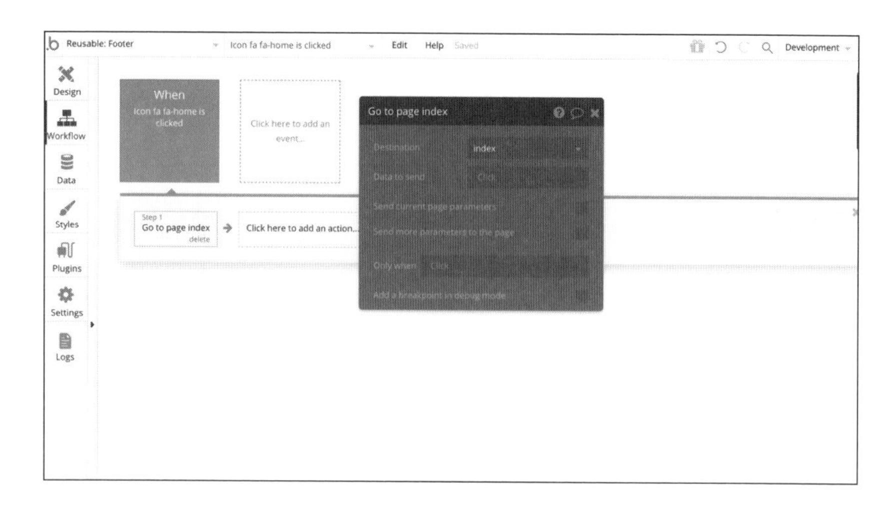

次に、虫眼鏡のアイコン、ベルのアイコン、メッセージのアイコンにもトリガーとアクションをそれぞれ設定してみましょう。その際、すでに「search」ページは作成済なので問題ありませんが、「notification」と「message」ページはまだ存在していないので、218ページで解説したように新規でページを追加しておいてください。「Footer」ページに、下図のように4つのトリガーが作成されている状態で完成です。

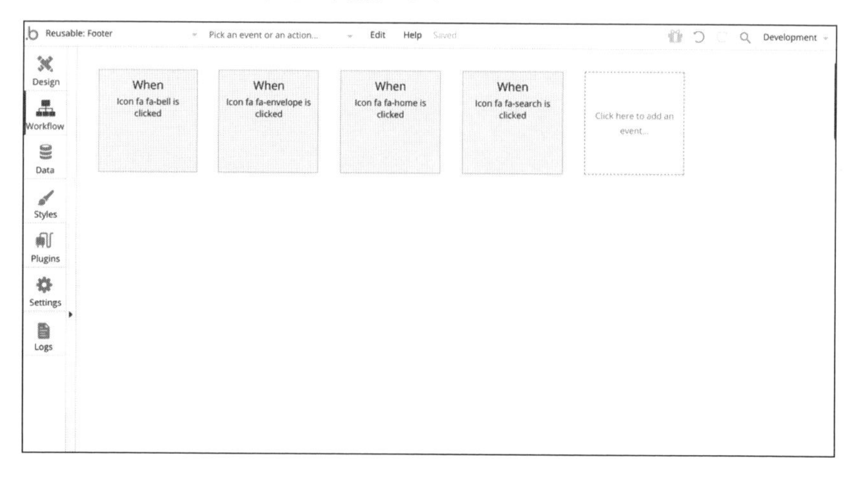

最後に、タイムラインをスクロールしてもfooterの位置が画面に対して固定される設定にするために、「Design」タブに戻り、フッター全体の「Property area」の「Type of element」を「floating group」に設定します。

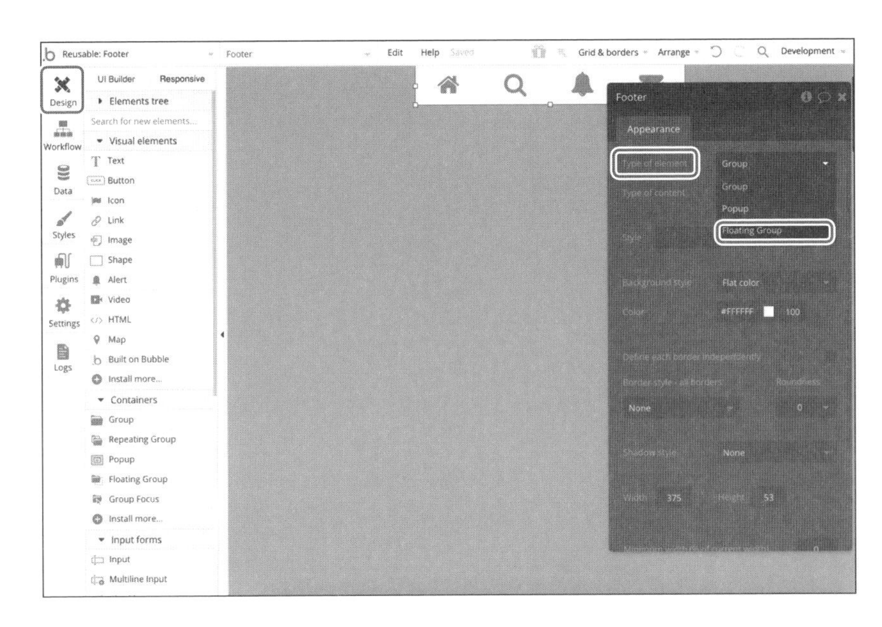

その後、「vertically float relative to」を「Bottom」に設定します。これでフッターのすべての設定が完了しました。

それでは、「index」ページに戻ってフッターを配置してみましょう。

左のエレメント一覧の「Reusable elements」の中から「Footer」を選択し、「index」のUIエディタ上をクリックしてください。ショートカットキーのCtrl + E(⌘ + E)をして画面中央に移動し、「Property area」から「Y」の位置を「759」(ページ高さから「Footer」エレメントの高さを引いた値)にセットします。

同様に、「search」「notification」「message」ページにも配置してください(いずれのページもページ幅および高さがindexと同じ設定になっていることを確認してください)。

これでタイムラインのページの1つができました。

◆ヘッダー

次にヘッダーを作成します。

ヘッダーでは、ユーザーのアイコンが表示される機能があるので、まずは「Data」タブからデータベースの作成を行います。「User Type」を選択した状態で、「Create a new field」をクリックし、226ページで解説したことを復習しながらデータの設定を行います。

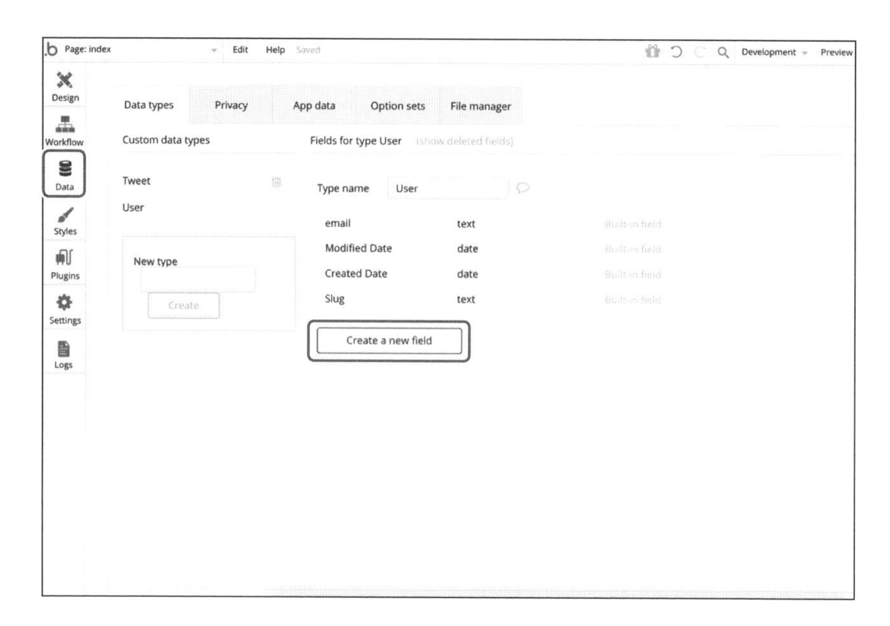

まず、「User Type」にどのようなデータを保存させるのかを指定します。データを保存する箱の名前は自分で任意に決めることができます。今回は、プロフィールアイコンを保存する箱を用意するために、「Field name」には「profile_image」と設定します。次に、「Field type」は用意した箱をどのような型で保存するかを選択するので、「image」を選択します。そして、最後の「This field is a list(multiple entries)」はONにせずにそのままで「CREATE」ボタンをクリックします。

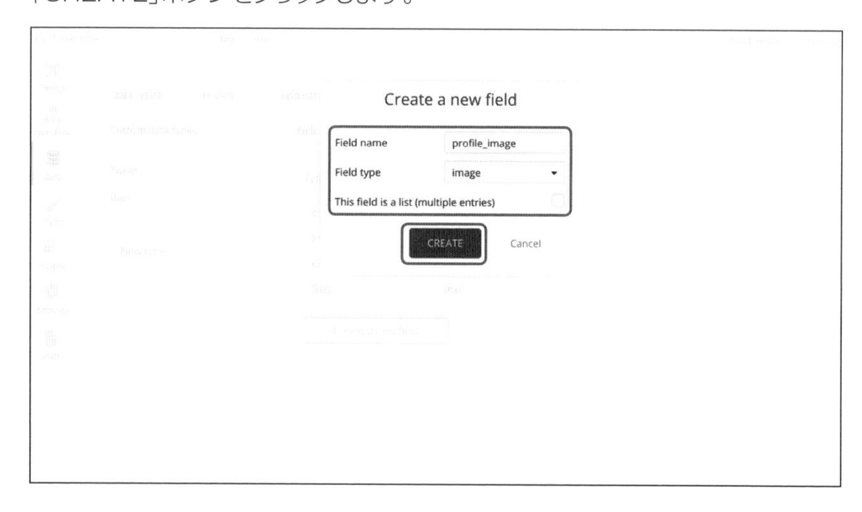

「This field is a list(multiple entries)」をONにする場面は、この用意した箱に2つ以上のデータを保存する場合に使用します。たとえば、1つのツイートに4枚の画像を添付できるようにするのであればここはチェックを入れます。

「CREATE」ボタンを押してポップアップが閉じると、「User type」の中に「profile_image」という新しい「field」が作成され、型が「image」になっていることが確認できます。

これでデータの用意はできたので、フッターと同じようにヘッダーの「Reusable elements」を編集していきます。画面左上の「Page:index」と書かれたエリアをクリックして、下半分から「Header」をクリックしてください。今回も既存のヘッダーでは不要なパーツが多いため、すべてのエレメントを削除したのちに、「width」を375px、「height」を53px、「background color」を「#FFFFFF」にします。

まずはユーザーの画像を設置します。エレメント一覧から「image」を選択してヘッダーの左端に設置してください。サイズは「width(W)」が「30」、「height(H)」が「30」、位置は「X」が「15」、「Y」が「11」、そして「Roundness」を「15」に設定します。

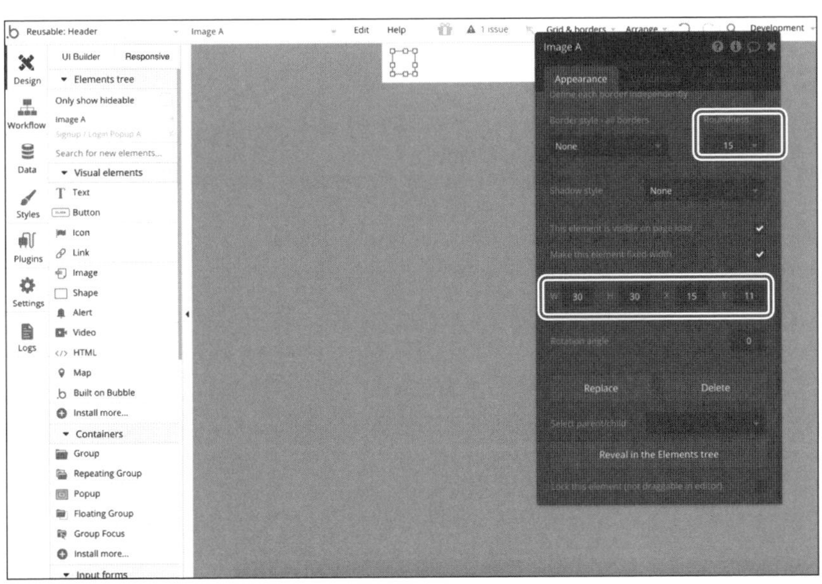

次に、この「image」エレメントにどのデータを表示させるかを設定します。「image」の「Property area」の「Dynamic image」をクリックします。

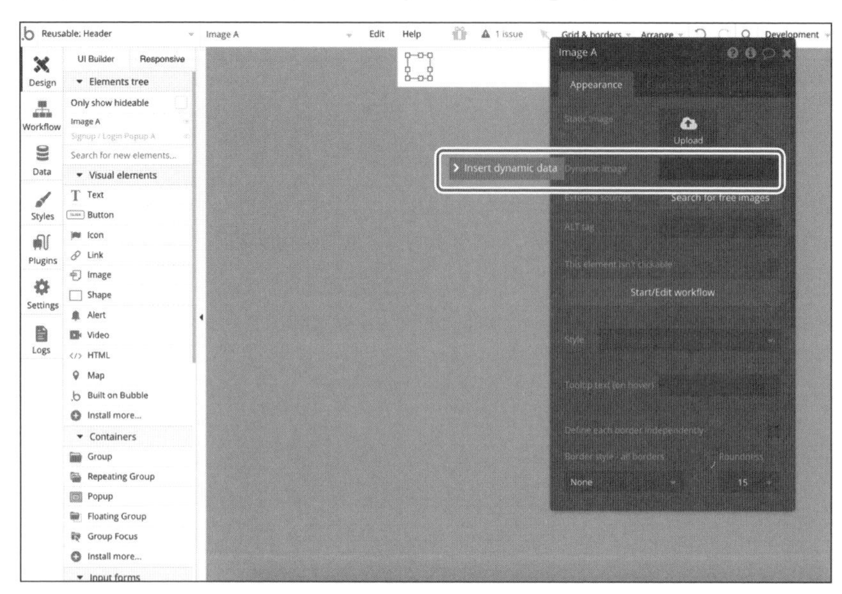

すると、ドロップダウンで選択肢が表示されるので、「Current User's profile _image」を選択しておくことで、現在のユーザーの、「profile_image」に保存された画像を表示する「image」エレメントの設定が完了します。

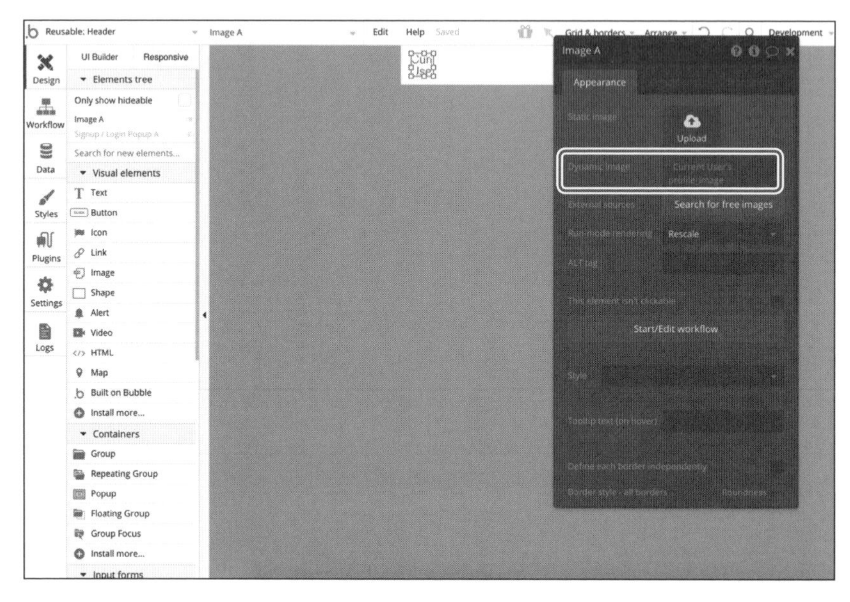

次に、実際に表示するデータを保存します。「Data」タブに戻り「App data」の「All Users」を選択し、「New entry」をクリックしてください。

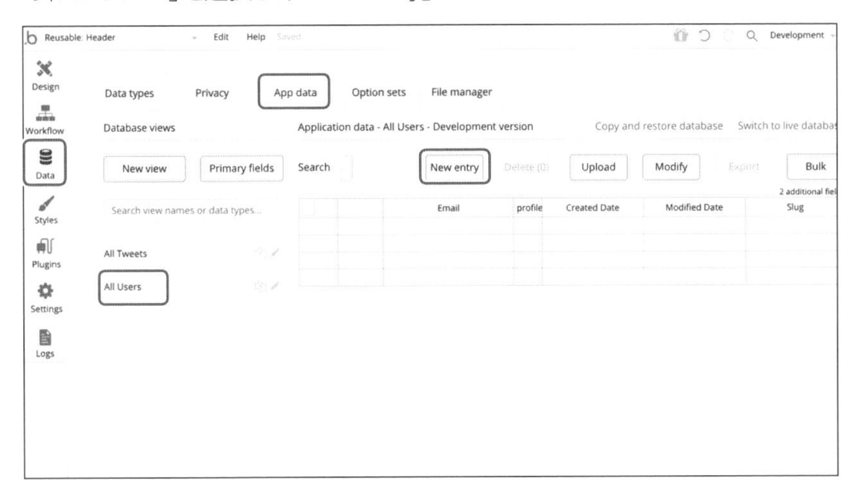

表示されるポップアップに、下図のように任意の画像を選択し、メールアドレスも仮想のものを入力し、「CREATE」ボタンをクリックします。

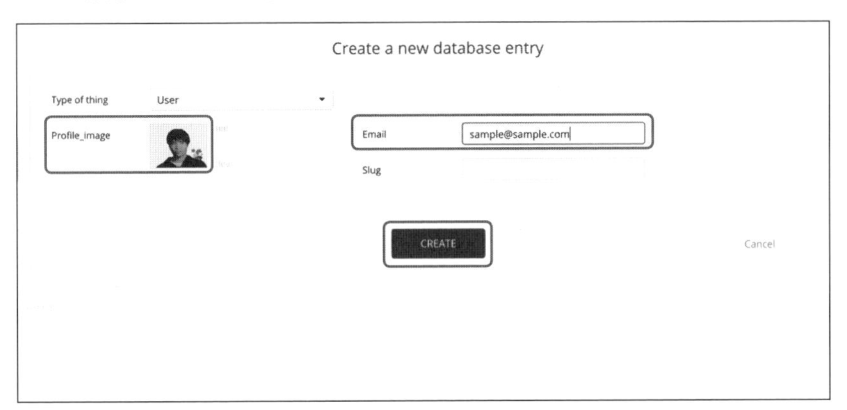

これでユーザーアカウントが1つ作成できました。

では、作成した「Reusable elements」の「Header」を「index」ページの上部に配置してみましょう。今回も「Footer」と同様に、画面に対して上部に固定するので、「Header」の「Property area」の「Type of element」を「Floating」に、「Vertically relative to」を「Top」に設定します。

この状態で、「index」に戻り、ページの最上部に配置してください。

それでは、プレビューで見てみましょう。特定のユーザーでログインした状態でプレビューを見るには、「Data」タブの先ほど作成したユーザーデータの左端にある「Run as→」をクリックします。

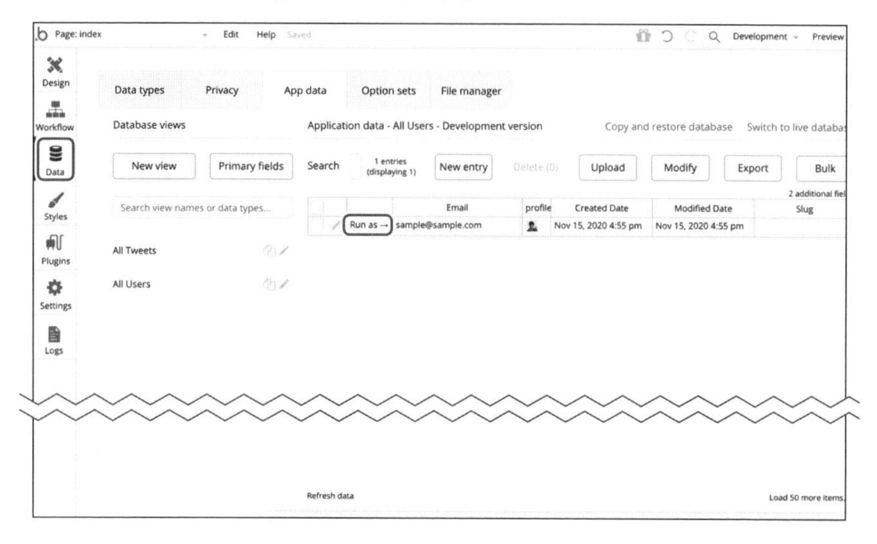

「Run as→」をクリックして、プレビュー上で右クリックして検証モードに変更します。変更したのちに、ページの再読み込みを行ってください。

そうすると、下図のような画面が表示されます。

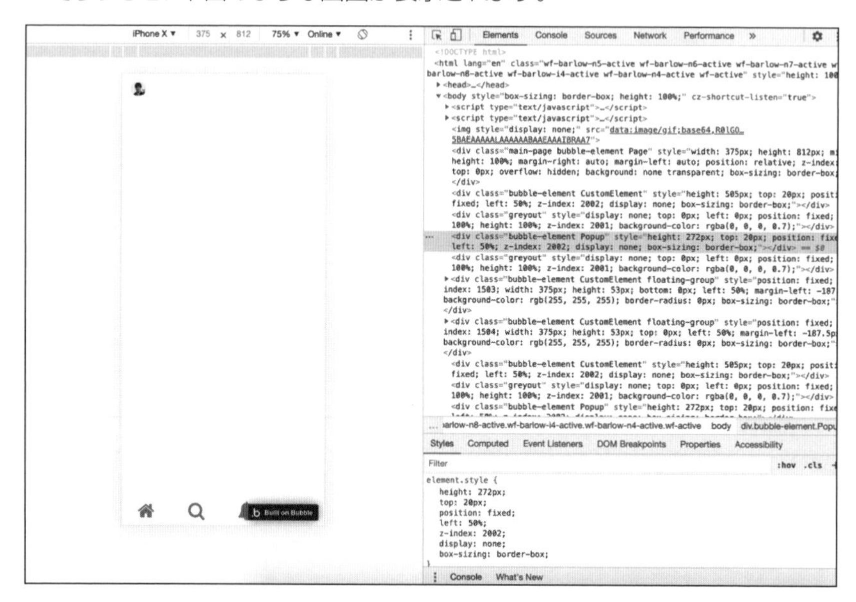

プレビューの右下にBubbleのロゴが入っていますが、これでTwitterの画面のヘッダーとフッターが作成できました。このロゴを非表示にするためには197ページで解説した通り、Bubbleの有料プランに加入する必要があるので、今回は別の方法をとります。235ページで、「Footer」の「Y」の位置を「759」にすると解説しましたが、これを広告の高さ分、上に配置します。高さはおおよそ「40」なので、「Y」の位置を「719」にすると広告と被らない位置に「Footer」を配置できます。

◆ タイムライン

では次に、ツイートのタイムラインを作成していきます。

Bubbleでは、タイムラインなどの繰り返し同じデータを表示するためのエレメントとして、「Repeating Group」というものがあります。

「index」ページの「Design」タブ、左側のエレメント一覧の「Containers」から「Repeating group」を選択してヘッダーの下に配置してください。

「Repeating Group」はあくまで箱なので、具体的にその中に表示するデータ(ツイート本文やツイートしたユーザーの画像など)と、さらにどのデータを呼び出してタイムラインのように表示するのかを指定する必要があります。

まず、「Repeating Group」で扱うデータの方を選択します。今回は「Tweet type」のデータ一覧を呼び出してタイムライン状に表示するので、「Type of content」に「Tweet」を選択します。次に、数ある「Tweet type」の中の行からどのデータを呼び出すのかを、「Data source」で指定します。今回は、データベースに保存されているすべてのデータを表示したいので「Data source」には「do search for」を選択します。このコマンドは、データベースに保存されたデータを検索して呼び出すときに使用します。

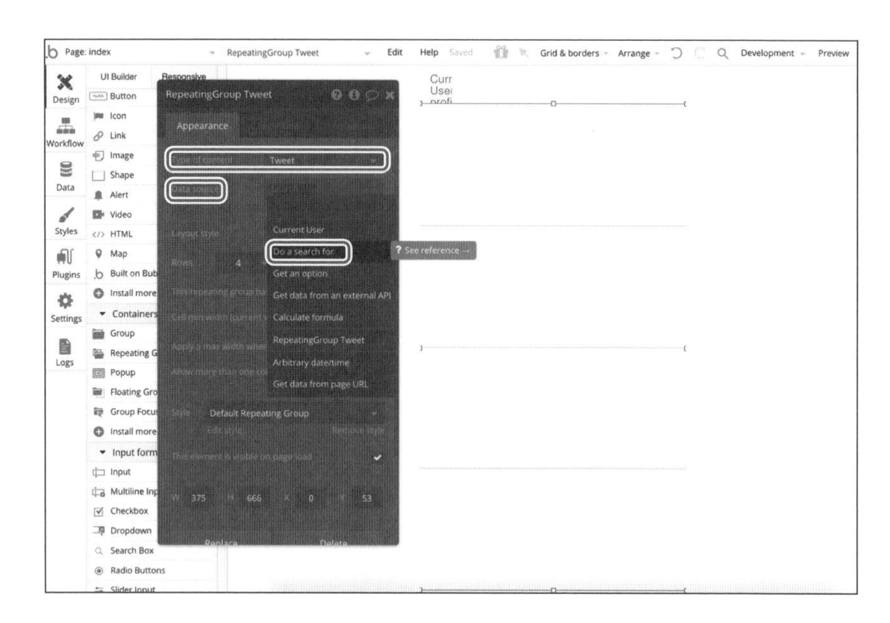

するとと、「Type」と書かれた別ウィンドウが表示されるので、「Tweet」を選択します。「Sort by」を「Created Date」にして「Descending」で「yes」を選ぶと、新しいツイートが上に追加されて表示されます。

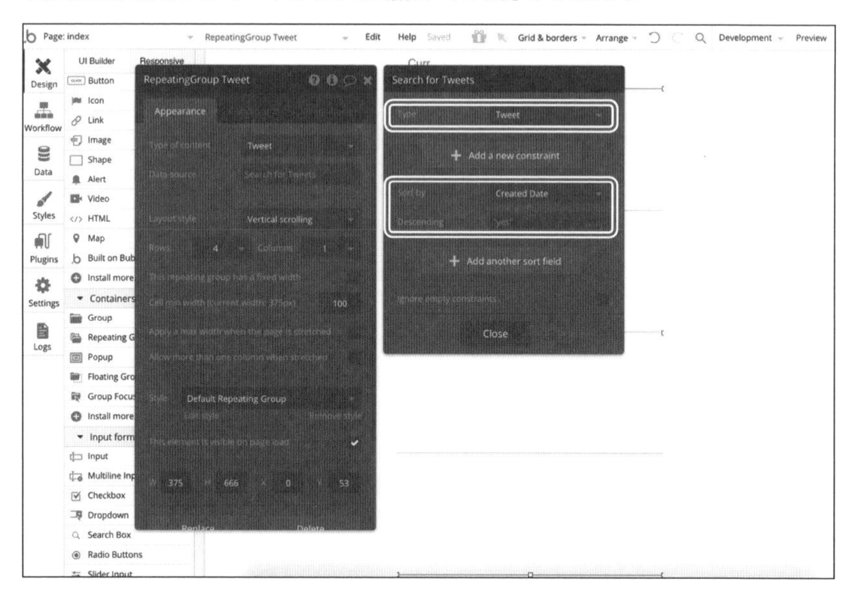

これで、ツイートを表示するための箱が完成しました。では実際にデザインを作る前に、使用したいデータベースの設計を行います。
「Data」タブの「Data types」に移動し、「Tweet type」を選択します。

「Create new record」から、下図のように各fieldを作成します。それぞれ、ツイート本文を保存する「tweet_body」(「text」型)、ツイートの画像を保存する「tweet_image」(「image」型)、ツイートをいいねしたユーザーの情報を保存する「liked_user」(「User」型の「List」)となります。

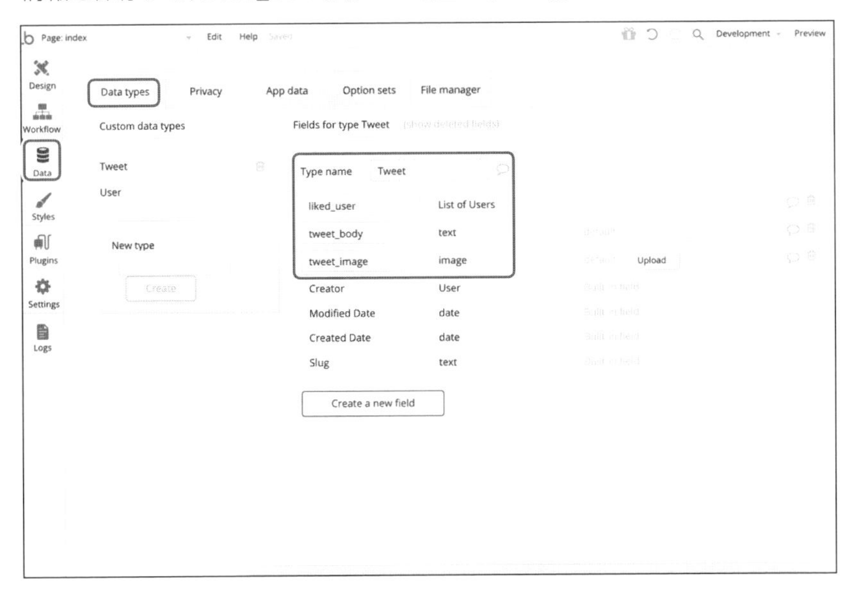

ここで、「liked_user」について補足をします。データベースにはリレーションという概念があり、1つの「type」が別の「type」のデータを参照することができます。こうすることで、たとえば、いいねした人の情報を保存したい場合に、いいねした人の名前、いいねした人のプロフィール画像、いいねした人の…というように「field」を複数用意しなくても型を「User」として別の「type」を参照することで簡単にデータを読み込むことができます。詳しいデータベースの解説は、過去に詳しく解説した記事を作成してあるので、下記のURLを参照ください。

URL https://note.com/nocoder_k/n/nd7e022051532

また、いいねしたユーザーは1つのツイートに対して複数存在するので、「List」にすることを忘れないでください。

ここまで用意できたら、「User type」の際と同じように「Data」タブ内の「App data」へ移動して、「All Tweet」が選択されていることを確認して「New entry」をクリックしてください。「Tweet_body」と「Tweet_image」に任意のデータを入れて、「CREATE」ボタンをクリックしてください。

同様に、「Tweet type」に3つほどサンプルのデータを作成してください。その際、「ツイート本文と画像があるもの」「本文だけのもの」「画像だけのもの」の3種類を作成してください。

データの追加ができたら「Design」タブに戻り、デザインを作成します。配置した「Repeating Group」の最上部のセル（スペース）に、「Text」エレメントを配置します。すると次ページの図のように自動的に別のセルにも同じテキストエレメントが配置されているのが確認できます。

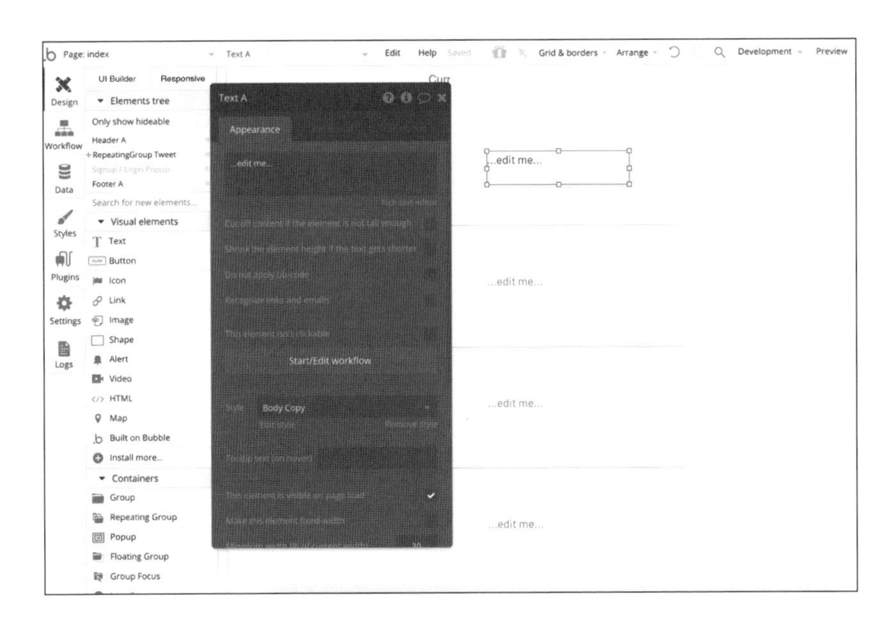

「Property area」の上部にある「…edit me…」のエリアをクリックすると「Insert dynamic data」と青く表示されるので、クリックした後に「Current cell's Tweet's tweet_body」を選択します。

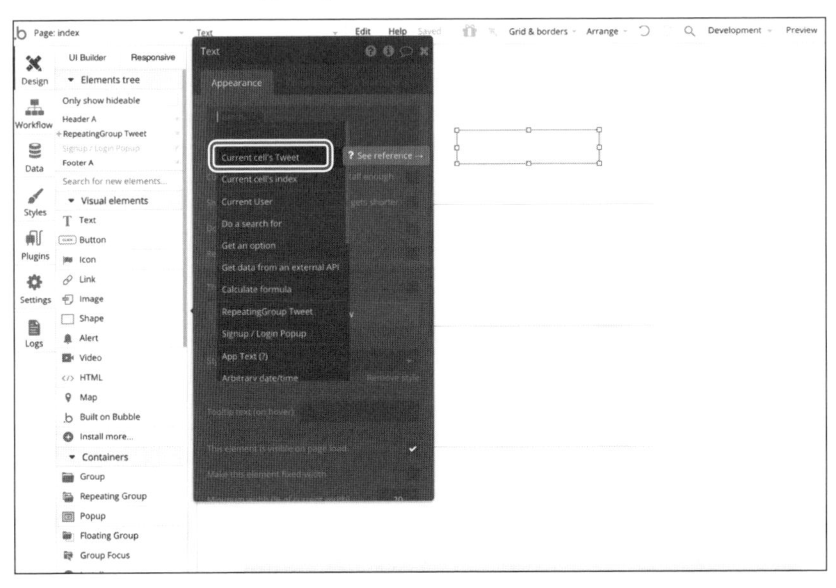

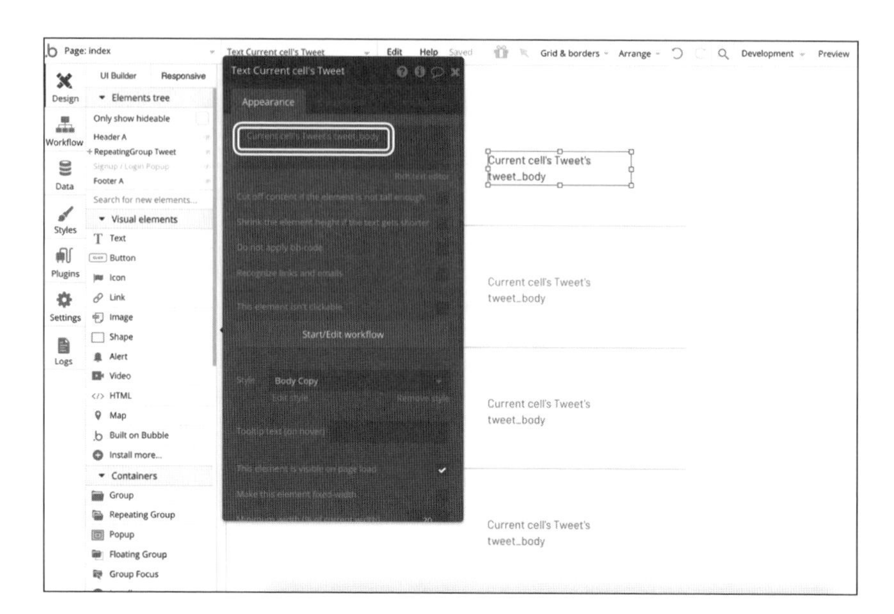

デザインを整えるために、「Property area」内の「Style」の右端にある「Remove style」をクリックしてください。すると、フォント種類、フォントサイズ、文字色などの選択肢が表示されるので、フォントサイズを「15」、カラーを「#14171A」、「width(W)」を「284」、「height」を「28」、位置は「X」を「75」、「Y」を「37」に設定します。

設定が完了したら、次ページの図のように「Text」エレメントを右クリックして「Group element in a Group」を選択し、グループの中に「Text」エレメントを格納します。

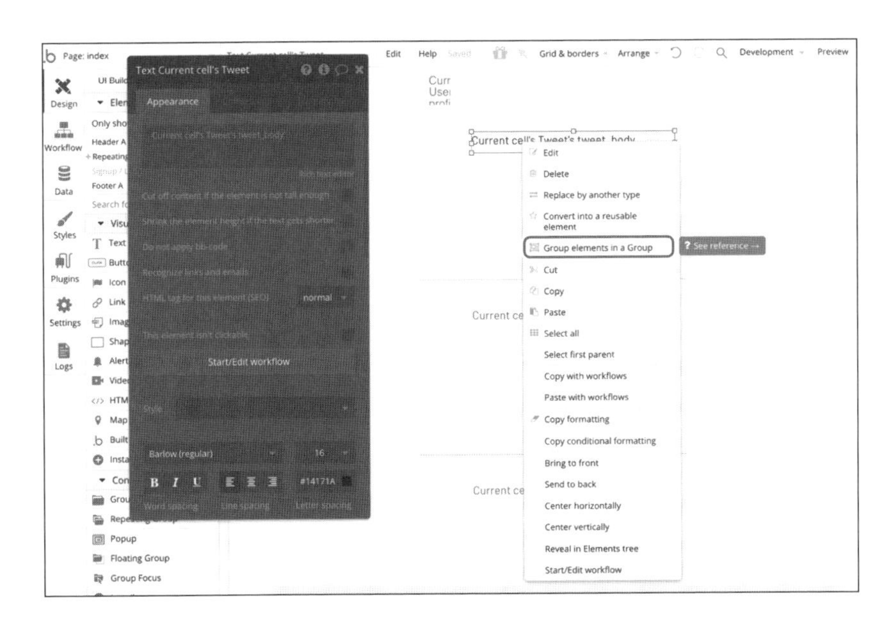

このように、「Text」エレメントなどの親にあたるグループを作成し、「Collapse this element's height when hidden」をONにします。これにより、テキストが空で非表示のときはテキストエレメントを囲うグループの高さが「0」になり、レイアウトとして不自然にならないようにできます。

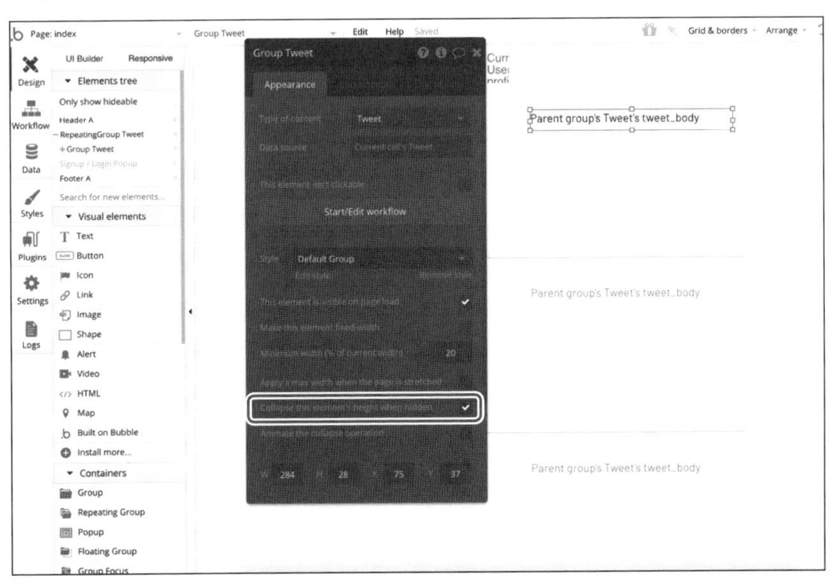

先述の「テキストが空で非表示のとき」という「Conditional」を設定します。

選択中の「Group Tweet」の「Property area」の上部にあるタブを「Conditional」に変更してください。

ここで注意点がありますが、いったんGroupの選択状態を解除してしまうと、再度クリックしても「Group」の中の「Text」エレメントが選択された状態になります。親要素である「Group」を選択するためには2つの方法があります。

1つはControlキー（Macの場合はCommandキー）を押しながら何度か「Text」エレメントをクリックする方法で、クリックしている箇所の前後関係を超えたエレメントを順番に選択することが可能です。もう1つの方法は、「Element tree」内で該当のエレメント（今回は「Group Tweet」）を選んで選択する方法です。

選択された状態であることが確認できたら、「Conditional」タブを選択し、「When」をクリックします。今回は、Tweetデータの「tweet_body」が空のときは「Group」を非表示にする、という設定なので、「When」には下図のように「Current cell's Tweet's tweet_body is empty」を順番に選択していきます。

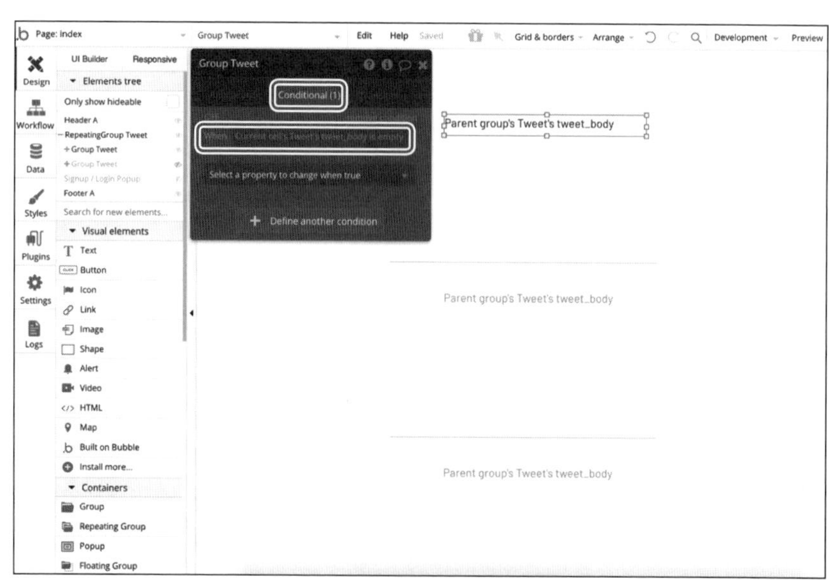

これで条件が設定できたので、次に「Select a property to change when true」から「This element is visible」を選択し、下図のようにOFFにしておきます(OFFがデフォルト)。

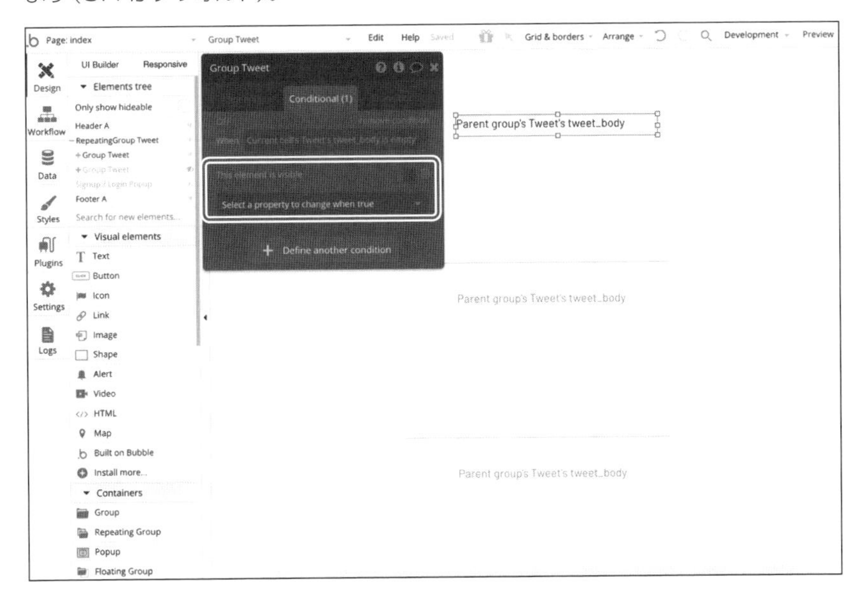

同様に「image」エレメントを配置します。エレメント一覧から「image」を選択して「Repeating Group」の最上部のセルに配置してください。

「Dynamic image」には、「Current cell's Tweet's tweet_image」を指定します。サイズおよび位置は、「Width(W)」が「282」、「Height(H)」が「161」、「X」が「75」、「Y」が「73」に設定し、「Text」エレメントと同様に「image」エレメントを選択した状態で右クリックして「Group」の中に入れます。その後、その「Group」の「Collapse this element's height when hidden」をONにします。

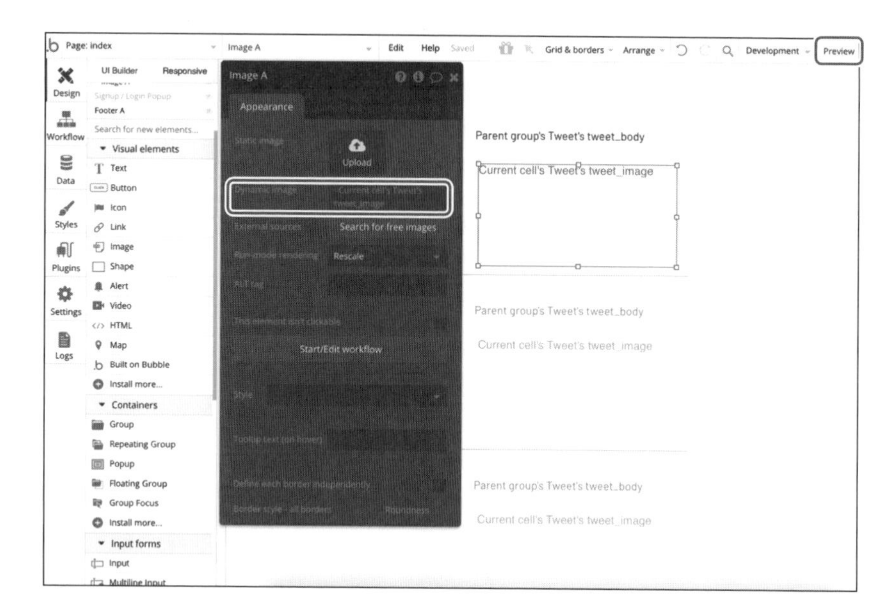

この「Group」に対しても、非表示にする条件を「Conditional」で設定します。

Tweetデータの「image」が空のときに非表示にするので、「When」を「Current Tweet`s tweet_image is empty」とし、「This element is visible」をOFFにします。

では、プレビューを見てみましょう。画面右上の「Preview」をクリックすると、下図のような状態になっています。

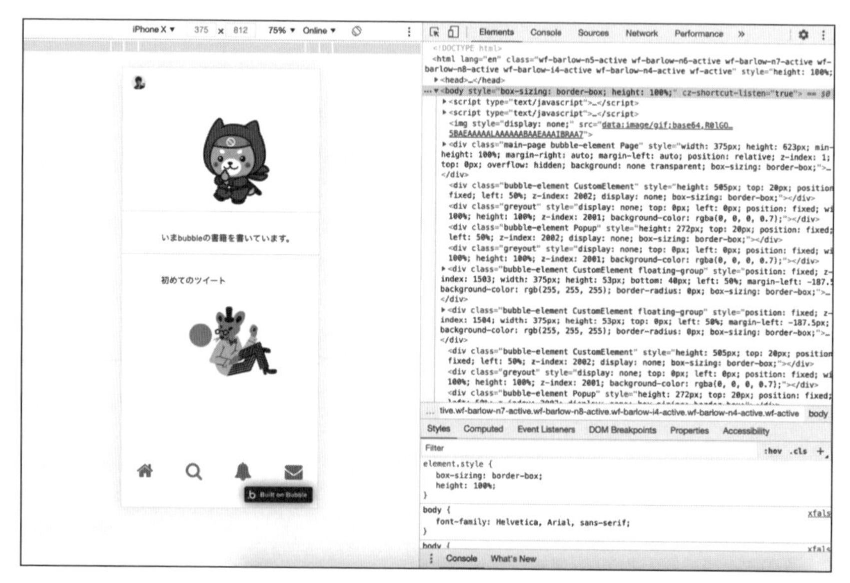

文字がある場合、文字がない場合、画像がある場合、ない場合のそれぞれで不自然でないタイムラインが作成できました。

では、次はツイートした人のアイコンを設置してみます。

「Image」エレメントを「Repeating group」の最上部のセルに追加し、「Dynamic image」を「Current cell's Tweet's Creator's profile_image」と指定します。ここでいったん「Data」タブに戻って「Data Types」の「Tweet」を見ると、新たに追加した「liked_user」「tweet_body」「tweet_image」の他にも、はじめから「Creator」(「User」型)と「Modified Date」(「Date」型)と「Created Date」(「Date」型)と「Slug」(「text」型)があることがわかります。これらはすべてのデータベースの「type」に標準で備わっており、誰がいつこのデータを作成して編集したのかという情報が記録されます。

そこで、今回は誰がこのツイートをしたのかという情報をアイコンという形で表示するため、上記のように「Current cell's Tweet's Creator's profile_image」という表現になります。なお、これは先述したリレーションという概念を使っており、Tweetのデータの中に「User type」のデータを組み込んだ状態で参照を行っています。

Twitterではアイコンの横にユーザー名も表示するので、同じ画面の「User」を表示して、「Create a new field」から「name」(「text」型)のfieldを作成しておきましょう。

作成ができたら、「Design」タブに戻ります。

ユーザー名の表示の前に、アイコンのサイズ、位置を設定します。「Width(W)」は「49」、「Height(H)」は「49」、「X」は「16」、「Y」は「10」で設定し、「Roundness」を「25」に設定します。

ユーザー名の表示は、同様に「Text」エレメントをセルの中に配置して「Insert Dynamic Data」から「Current cell's Tweet's Creator's name」と設定します。「Remove style」からスタイルの編集をして、フォントサイズを「15」、カラーを「#14171A」、「Width(W)」を「284」、「Height(H)」を「21」、「X」を「75」、「Y」を「10」に設定します。

それではプレビューを見てみます。確認すると、ここで何も表示されていないですね。なぜなら表示されているTweetデータは、データベースから直接入力されて作られたTweetデータなので、「Creator」が空になっているためです。

アイコン、ユーザー名を表示するには、Tweetデータに「Creator」という「User」データを紐付ける必要があります。したがって、次はツイートを投稿する画面を作成しましょう。

投稿ページ

新しく「post」という名前のページを作成します。作成した「post」ページの画面幅を「375」に設定します。完成イメージは下図の通りです。後述しますが、Bubbleの現状ではTwitterのデザインを完全再現するのは難しいため、必要機能のみ再現します。

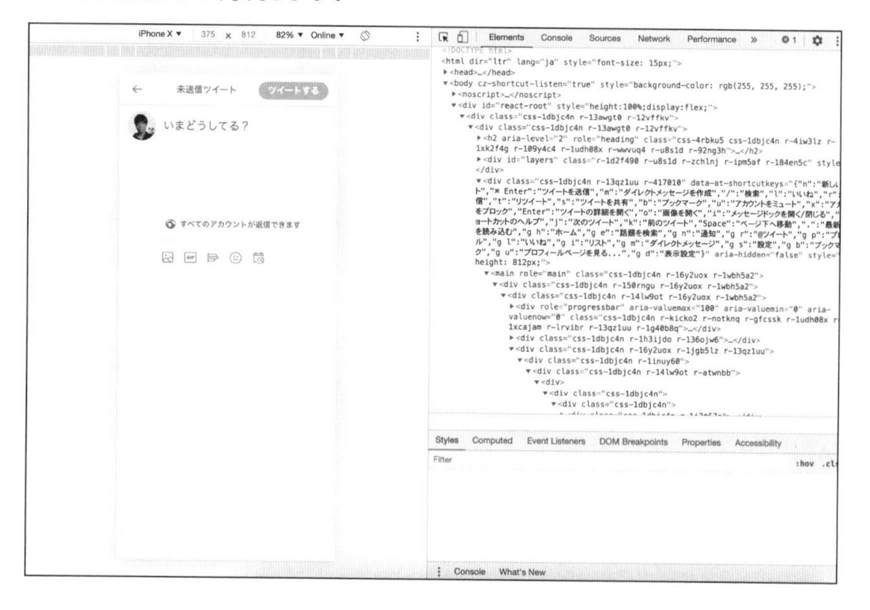

「post」では、フッターおよびヘッダーは不要です。今回使用するのは、ユーザーが入力できるインプットのエレメントです。エレメント一覧から、「Multiline Input」を選択して画面に配置します。「MultipleInput」は、改行を含めた文章を入力できるフォームで、「Input」は改行なしの短文（たとえば、氏名やメールアドレス、パスワードなど）に使用します。

「Placeholder」には「いまどうしてる?」と記入します。「Placeholder」とは、インプットフォームに対してユーザーへのメッセージなどの際に使用します。これと似た「Initial content」は、インプットのエレメントの初期値をあらかじめ設定したい場合などに使用します。

また、「Limit the number of characters」をONにし、入力できる文字数を140字に設定をします。

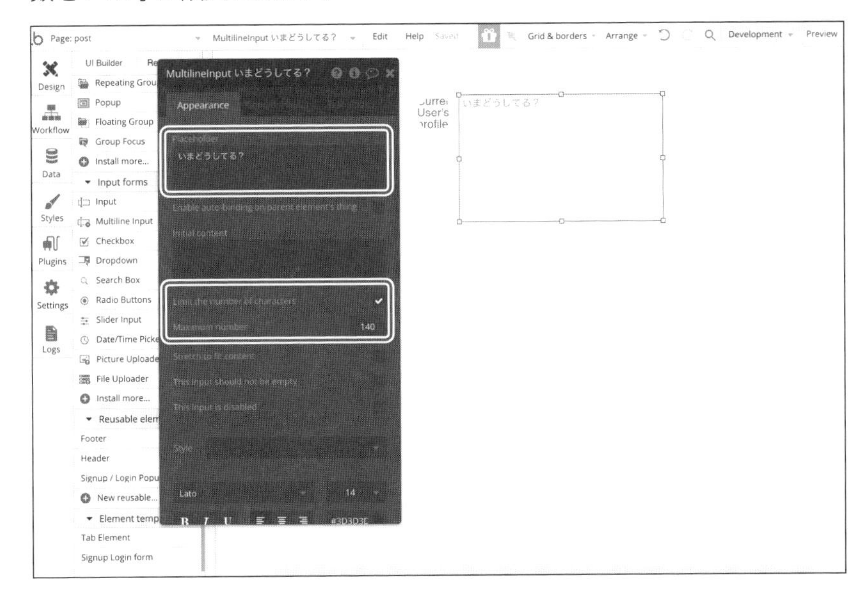

「MultipleInput」のサイズ/位置の設定は「W」が「286」、「H」が「173」、「X」が「74」、「Y」が「63」です。また、外枠の「Border style」は「none」に設定します。これでテキストの入力が可能になりました。

次に写真の投稿は「Picture Uploader」エレメントを使用します。エレメント一覧の「input forms」の中から「Picture Uploader」を選択して設置します。「Placeholder」を「クリックして写真を選択」とし、サイズ/位置は「W」が「286」、「H」が「286」、「X」が「74」、「Y」が「252」とします。また、「Style」は「remove」をして、「Roundness」を「0」に設定すると、次ページの図のようなデザインになります。

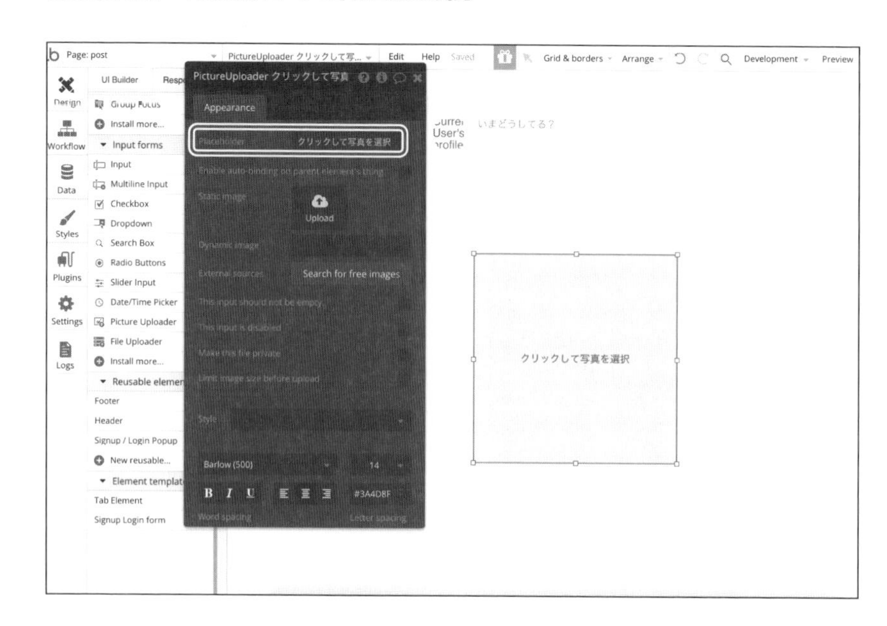

次にヘッダー部分です。「post」ページのヘッダーは「Reusable elements」とは形式が異なるので個別で作成します。

ページ上部に「W」が「375」で、「H」が「53」の「Group」を作成します。「Group」内に、戻るボタンの役割をするアイコンを配置します。エレメントから「Icon」を選択し、下図のように左の矢印アイコン、カラーは「#1DA1F2」、サイズ/位置は「W」が「23」、「H」が「23」、「X」が「23」、「Y」が「15」にします。

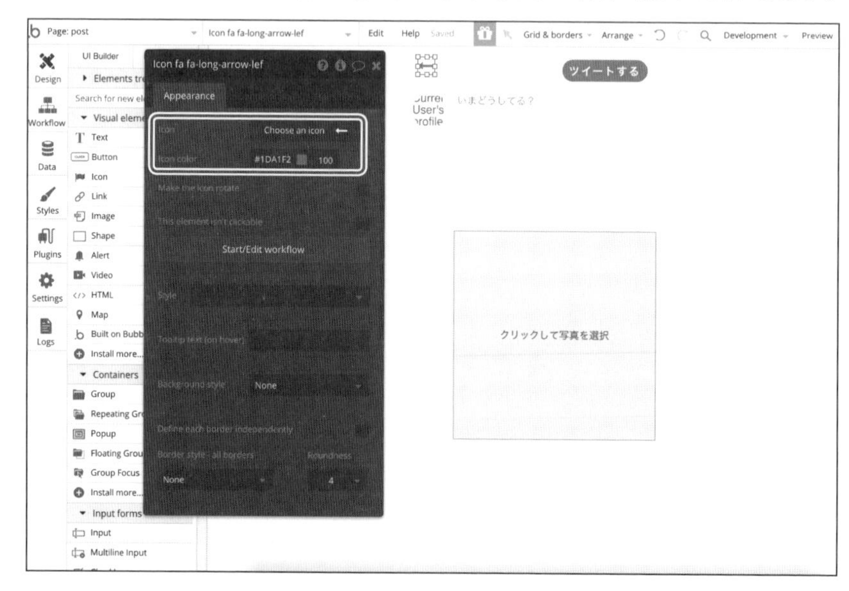

この矢印に対するアクションは、前のページに戻ることなので「Start/Edit workflow」から「Workflow」タブに遷移して下図のように「Go to previous page」を選びます。この際、「Go to」のアクションで「index」を指定しても違いがありません。

今回の「Go to previous page」は前回開いていたページに戻るためのアクションです。

次に、ツイートを投稿するボタンの設置です。「Button」エレメントをヘッダーの「Group」内に配置し、次ページの図のように設定を行います。また、「Placeholder」の直下にある「This element isn't clickable」をONにし、ページが読み込まれた段階ではクリックできない設定にします。

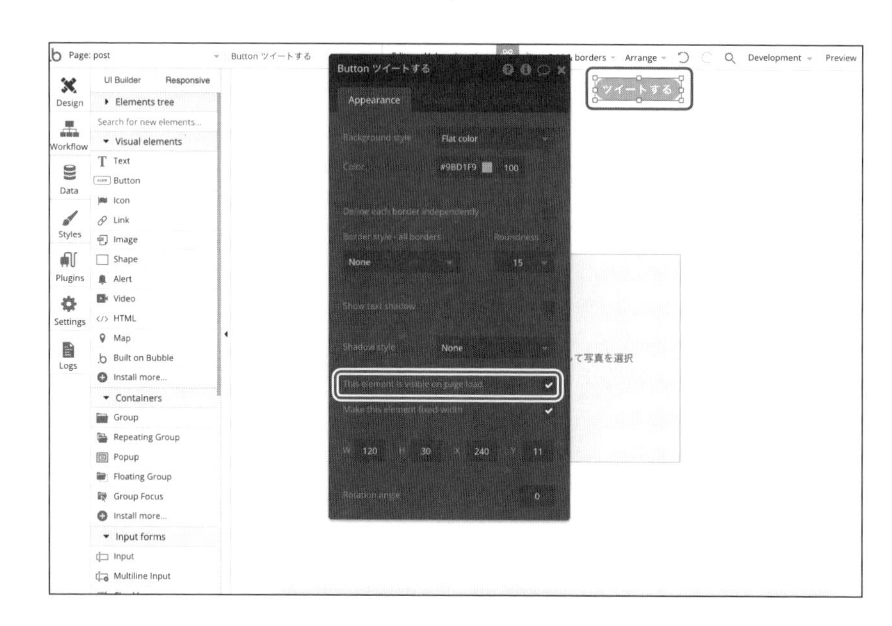

このツイートボタンには、「Conditional」を設定します。条件は、「Multiple Input」もしくは「Picture Uploader」の現在の値が空でない場合は背景色を変更し、クリックできるようにするというものです。

それでは「Property area」の「Conditional」タブをクリックし、設定を行います。「When」は「MultipleInput いまどうしてる? 's value is not empty or Picture Uploader クリックして写真を選択's value is not empty」として、「Select a property to change when true」から「background color」を選んで「#1DA1F2」に設定します。もう1つ、「This element isn't clickable」をOFFにします。設定の完成系は次ページの図のようになります。この際、各条件の左上の「OFF」をクリックしてONの状態にすれば、この条件が適応されている際のエレメントの外見が適応されるので、うまく設定されているかを確認してください。

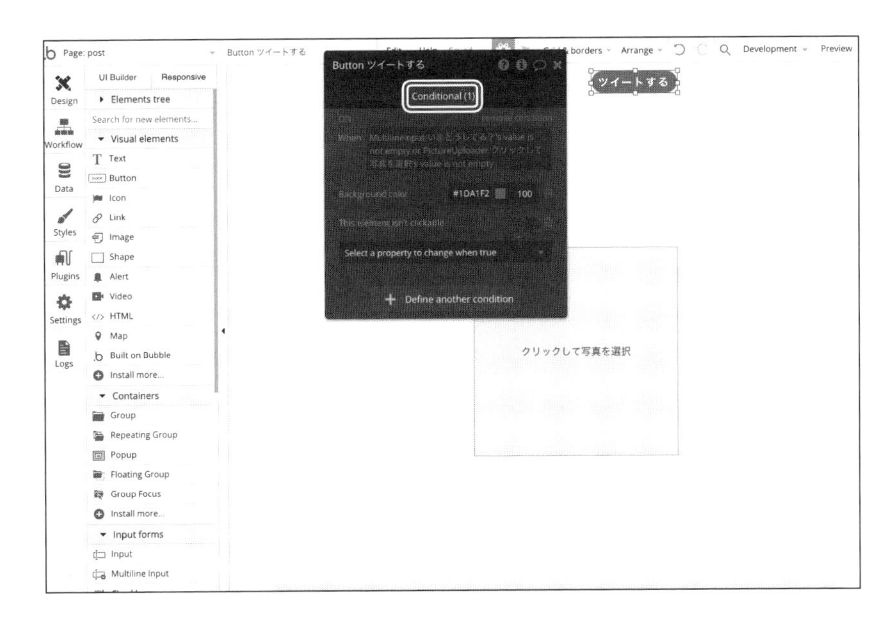

これでデザインは完成です。

最後にアクションを追加します。「Property area」の「Appearance」に戻り、「Start/Edit workflow」から「Workflow」タブに遷移して次ページの図のように「Create a new thing」を選びます。このアクションは、新たに特定のデータを追加（作成）する際に使用します。

この他にもデータベースに対して行う操作には、「make changes to thing」（特定の1データを編集）、「make changes to a list of things」（条件に当てはまる複数のデータ行を編集）、「delete thing」（特定の1データを削除）、「copy a list of things」（条件に当てはまる複数のデータ行を複製）など、他にも多くのアクションがあるので必要に応じたアクションを選択します。

今回は1行を作成するので「Create a new thing」で、対象である「Type」は「Tweet」を選択します。

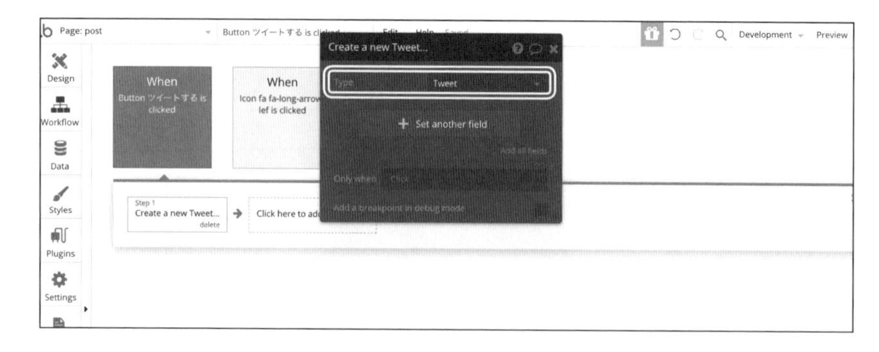

次に、作成されたデータ行に対して、データを保存するので「Set another field」をクリックして下図のように「tweet_body」には「MultipleInputいまどうしてる? 's value」を、「tweet_image」には「PictureUploaderクリックして写真を選択's value」を指定します。これで中身を持ったTweetデータが作成されました。

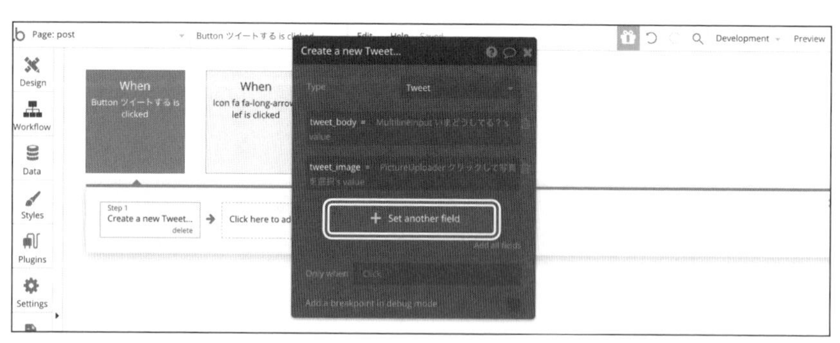

次に、ツイートするアクションが終われば「index」ページに戻る動作を加えるので、「Click here to add an action」をクリックして、「Go to page」アクションを選択し、遷移先を「index」にします。

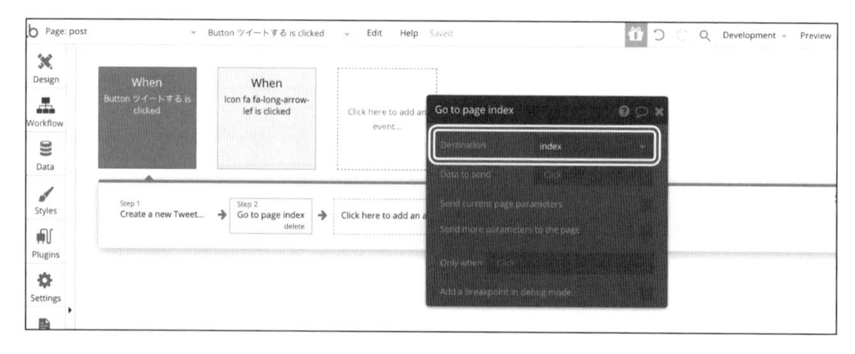

ではプレビューで確認しましょう。といいたいところですが、この「post」ページを開くための導線がまだ作成されていません。

そこで、いったん「index」ページに戻り、「post」ページを開くボタンを設置します。

ボタンはフッターと同様に、同じ位置に固定して配置するため、「Floating Group」を使用します。各種設定は、背景色を「#1DA1F2」、「W」が「59」、「H」が「59」、「X」が「298」、「Y」が「636」で「vertically float relative to」を「Bottom」に設定します。その中に「Icon」を配置し、Twitterマークを選択し、「W」と「h」は「34」に設定します。位置に関しては「Icon」を右クリックし、下図のように「Center vertically」と「Center horizontally」をクリックすることで、親要素に対して上下中央の位置に配置されます。

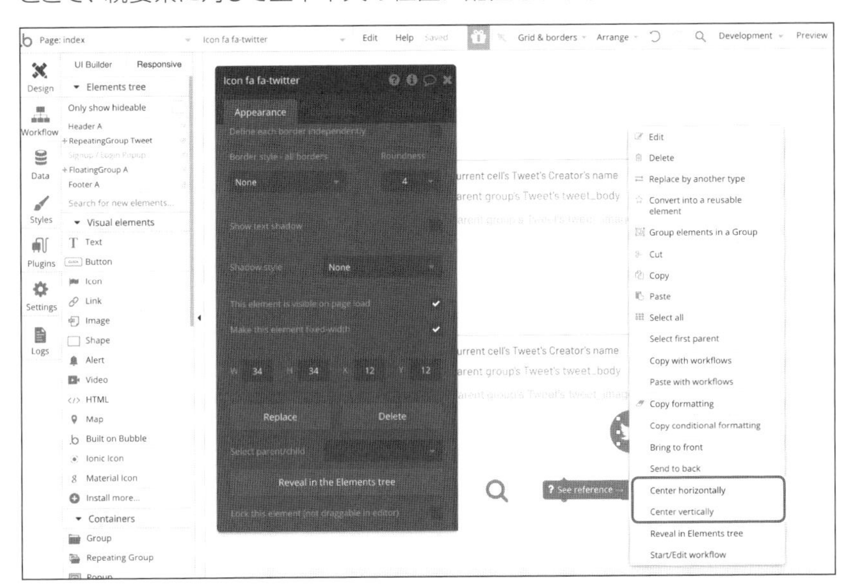

また、「floating group」に対しては「shadow style」を「Outset」に設定するとより視認性が上がります。

では、クリックのトリガーに対してのアクションを設定してみましょう。「Go to page」で「post」を選択すればOKです。

では、誰かでログインした状態で「index」から「post」ページ、文章作成→投稿のフローを行ってみましょう。下図のようにアイコン、名前、ツイート内容が表示されれば正しくフローが完成しています(ユーザー名はデータベースから直接、事前に入力しておいてください)。

では、次にユーザーのプロフィールページを作成します。自分自身のユーザー情報の変更や、そのページのユーザーが作成したツイートだけを「Repeating Group」で表示します。

プロフィールページ

新しく「profile」というページを追加します。ページ幅を「375」にし、「fixed width」にします。画面構成は下図を参考にします。今回は、アイコン、名前、自己紹介文、ツイート一覧を実装します。デザインについてはこれまでの解説した要領でサイズ、色、位置などを設置していきます。

このページでは、これまで解説していない概念であるページの「type」を解説します。データや「Repeating Group」と同様に、ページそのものにもデータの型(type)を指定できます。

今回は「profile」ページの型を「User type」に設定することで、ページ全体に特定のユーザーのデータを持つページとして扱うことがきます。次ページの図のように「profile」ページ内で右クリックをし、「Property area」から「Type of content」を「User」に設定します。

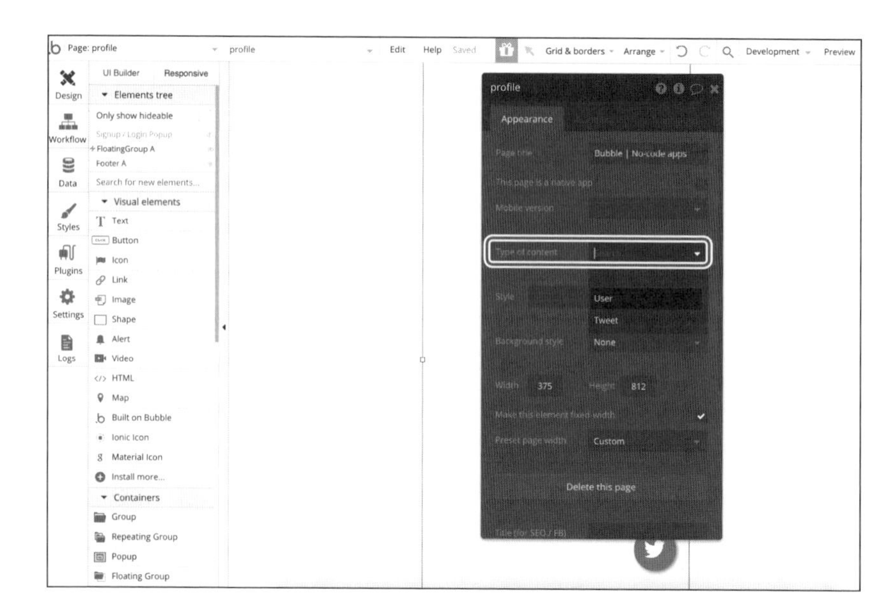

ユーザーのプロフィールへの導線の引き方は、タイムライン上のユーザーアイコンをタップすると各ユーザーのプロフィールに遷移するようにするので、いったん「index」に戻りましょう。

「Repeating Group」の1番上のセルにあるユーザーアイコンを選択して、「Start/Edit workflow」から「Workflow」タブに遷移します。アクションは「Go to page」でprofileですが、今回は遷移先のページが「User type」を持つため、その型の中にどのデータを送って表示するのか、という指定をします。現在のセルのTweetデータを作成したユーザーのデータを送るので、「Data to send」には「Current cell's Tweet's creator」と設定します。

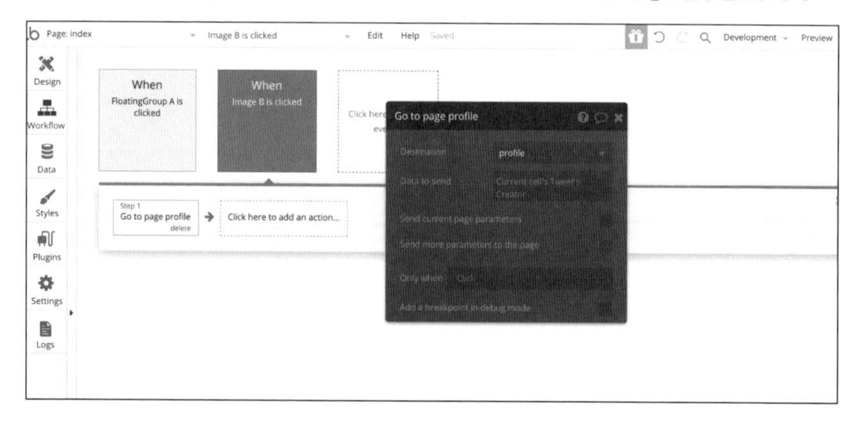

同様に「Reusable elements」のヘッダーにも同じ処理をすることで、いつでも自分のプロフィールページに遷移できるようにしておきましょう。

なお、Bubbleはサービス全体を通して、受け皿となる型(type)と、送るデータの型を一致させることを常に頭に入れておきます。これは、同じ型でもListかそうでないかも一致させる必要があります。

では「profile」ページに戻ります。まず「image」エレメントを配置し、「Dynamic image」から、下図のように「Current Page User's profile_image」を選択します。この際、選択肢の近くにある「Current User's」とは別なので見間違えないように注意してください。「Current Page User」とすることで、現在のページ全体として持つユーザーのデータを指定します。仮にこのページの「Type of content」を「Tweet」にしていた場合、この選択肢は「Current Page Tweet〜〜」と続きます。本物のTwitterのように各ツイートをタップするとツイートの詳細ページに飛ぶ動きを付けたい場合は上記のように「Page type」を「Tweet」にし、「Go to page」の「Data send」を「Current cell's tweet」と指定します。

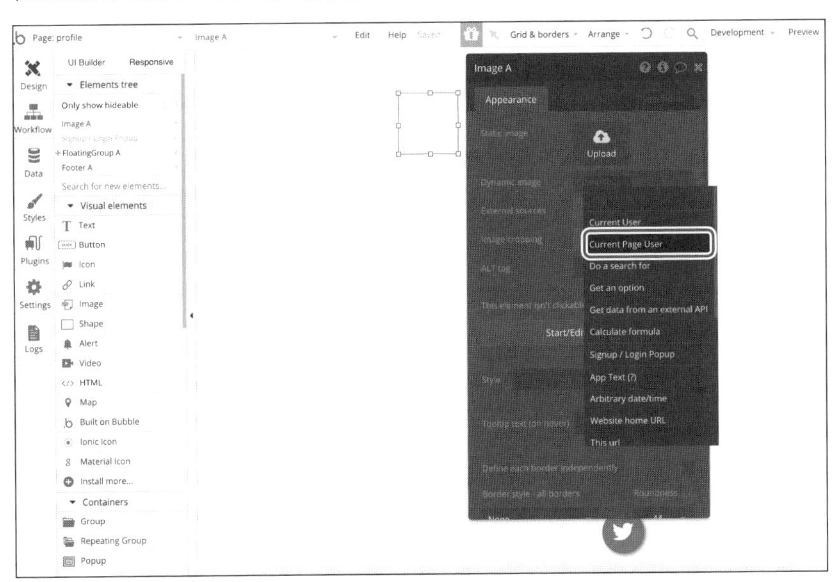

この要領で、現在のページのユーザー名、自己紹介文を配置します。まだ自己紹介文を「User type」のfieldとして作成していないので、「Data」タブから「self_introduction」（「text」型）として新たに作成しましょう。プレビューで下図のようになっていればOKです。

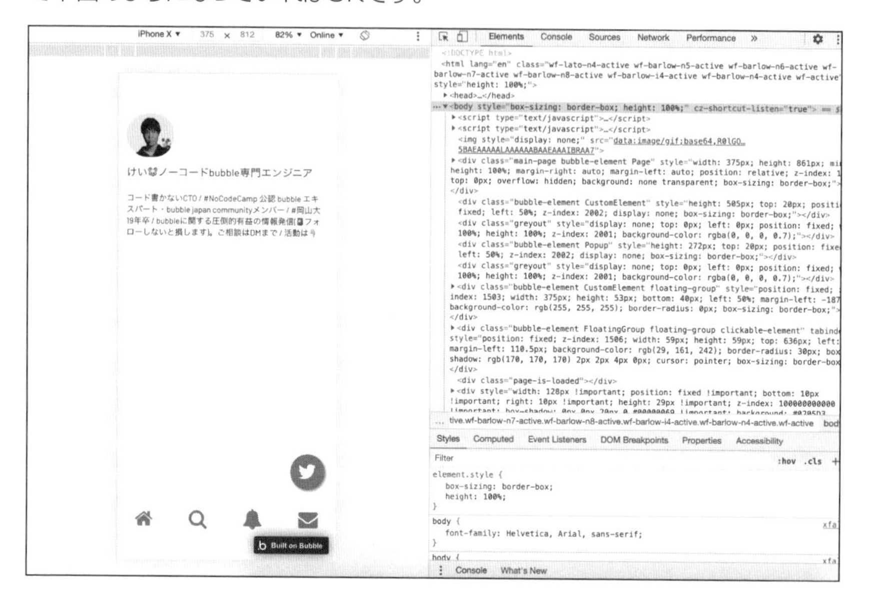

エディターは下図のようになります。

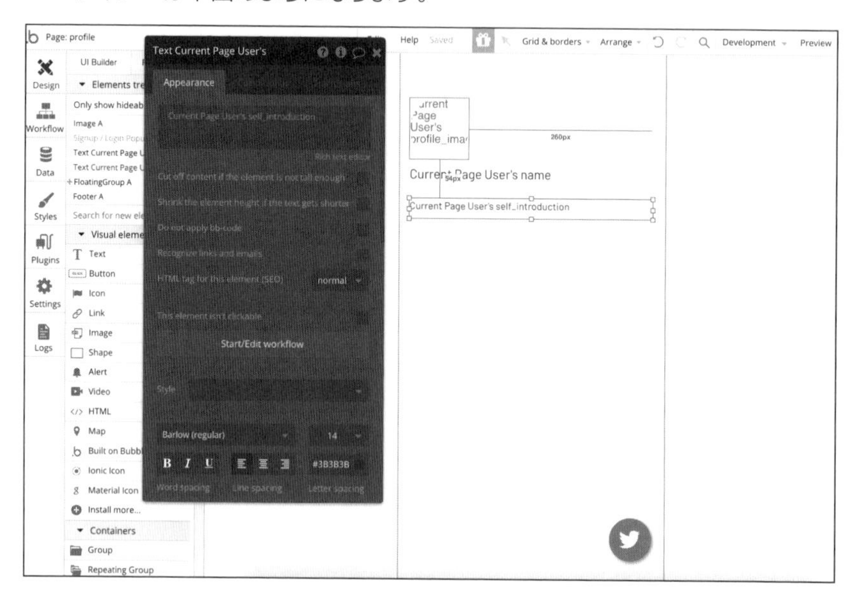

ここで注意点ですが、ページに「Type of content」を指定しているページには、URLの「/profile」の後に、必ずそのデータの「Unique ID」がスラッシュとともに追加されます。

この「Unique ID」は、「Data」タブの編集から下図のようにデータ固有の識別として自動で作成されるものです。

したがって、エディターページから「Preview」を押して「profile」のページを訪れても、ダミーテキストとして意図しない「Unique ID」が付与されるので、「profile」ページを確認で見たい場合は「index」やヘッダーからアイコンをクリックして「Data send」が行われたURLで閲覧してください。

次に、現在のページのユーザーがツイートした一覧を「Repeating Group」を使用して表示します。Bubbleでは各エレメント、グループなどのすべての要素はコピーして複製して利用することができます。今回はすでに同じような型を「index」で作成しているので、「index」からコピーして利用します。「index」ページに戻り、「Repeating Group」が選択されている状態で右クリックし、次ページの図のように「copy」をクリックします。もしくはショートカットキーを用いて、Ctrl + Cキー(Macの場合は⌘ + Cキー)、もしくはElement treeから選択した状態で右クリックでもコピーできます。

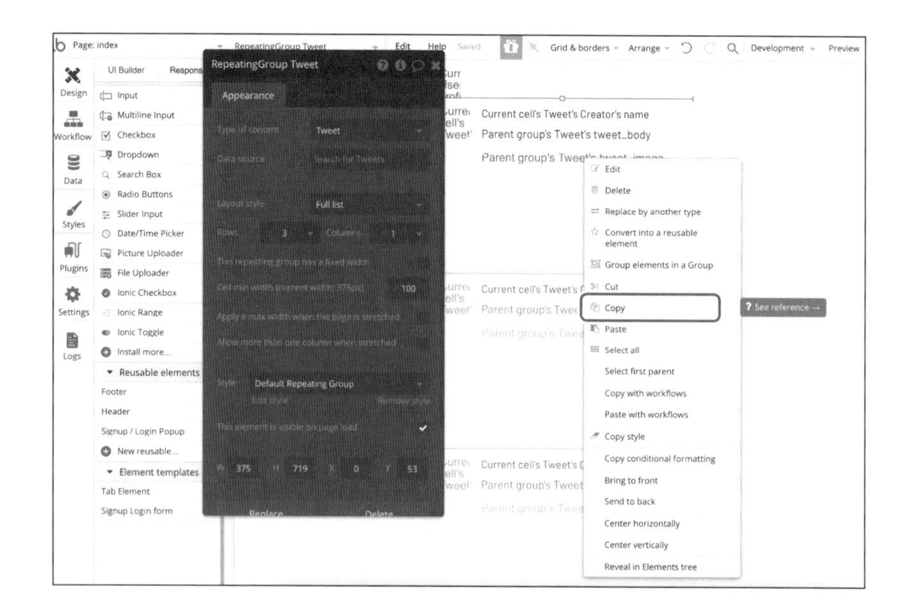

「profile」ページに戻りコピーしたものを貼り付けます。この場合もショートカットもしくは右クリックで行います。

なお、この操作はエレメントのみのコピー&ペーストであり、その裏の処理であるWorkflowのコピーは行えません。もしコピーする対象がボタンなどでWorkflowもコピーした場合は、右クリックし、「Copy with workflow」を選択した後に、同様に右クリックで「Paste with workflow」で貼り付けます。この場合はショートカットキーは使用できません。

本題に戻り、ペーストした「Repeating Group」の設定を変更していきます。現在の設定は、「Data source」は次ページの図に示す通り「do search for」の「Tweet」で、何も条件を絞っていないため「Tweet type」のすべてのデータがタイムラインに表示されます。現在のページのユーザーが作成したデータに絞りたい場合や、何日以前・以降などの比較、特定のキーワードを含むデータへの絞り込みなどは、「Add a new constraint」から設定を行います。

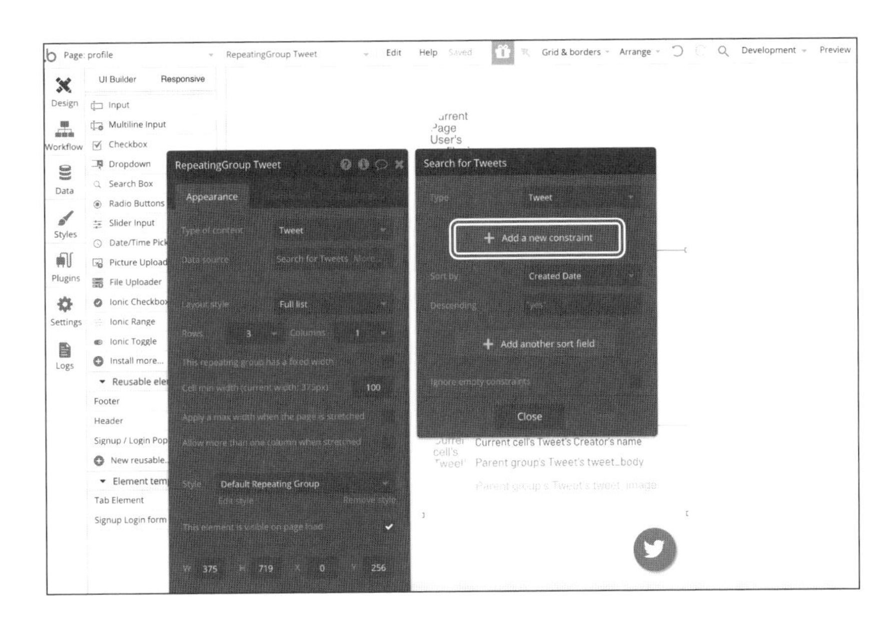

設定は下図のように「Created by = Current Page User」とします。この際も、「Current User」ではないので注意してください。

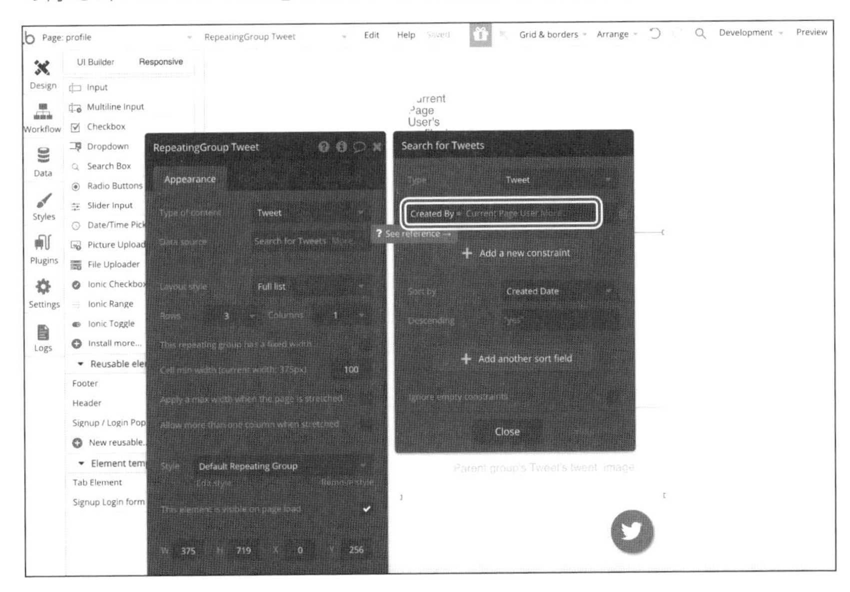

では、プレビューで見てみましょう。次ページの図のように、表示されれば正しく設定されています。

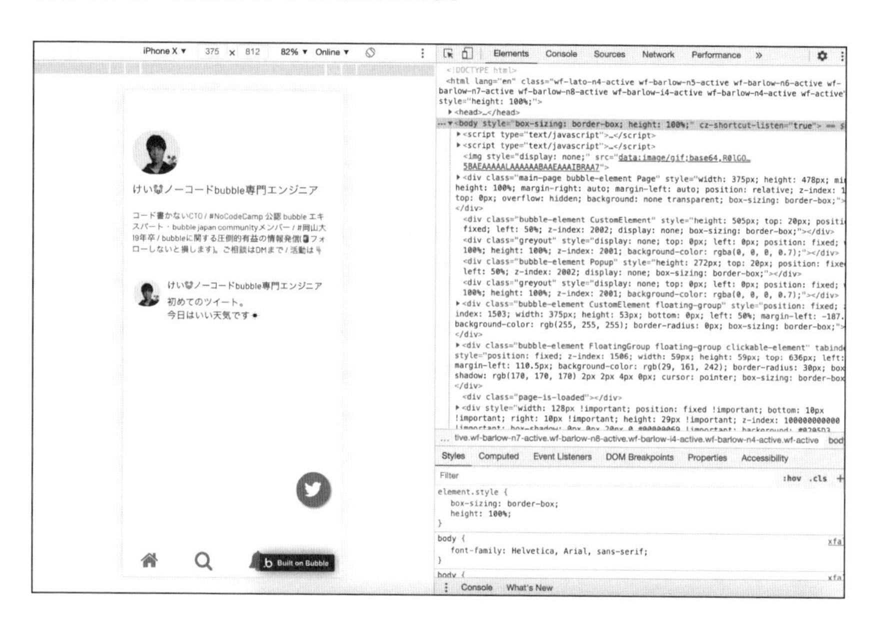

次は、プロフィールを編集できるようにしましょう。

下図のように「プロフィールを編集」のボタンを作成し、「Conditional」で「Current User is not Current Page User」と条件を設定し、「This element is visible」をOFFにすることで、自分のプロフィールに訪れた際にしかこのボタンが表示されない設定にできます。

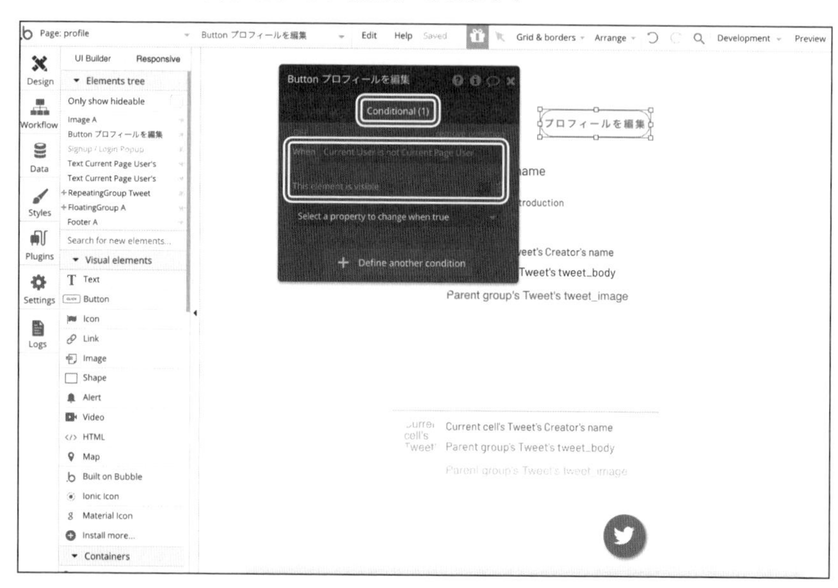

アクションを設定する前に、「Popup」というエレメントを画面上に配置します。「Popup」とは、画面のエレメントのすべての手前側に表示されるエリアです。スマホなどで残りの充電が10%以下になった場合などに表示されるのも「Popup」です。

「Popup」は、「Group」と同じく「Container」の1つなので、エレメント一覧から選択して画面上をクリックしてください。

「Popup」が表示されると、サイズの「W」を「320」に設定し、「Type of content」を「User」にします。「Popup」を閉じたい場合は、「Popup」以外の場所をクリックするかElement tree上から目のマークをクリックすると非表示にできます。

では、「プロフィールを編集」ボタンをクリックすると「Popup」が表示されるアクションを設定します。クリックをトリガーとして、Workflowのアクションは「Show an element」を選択し、Elementを先ほど作成した「Popup」を指定します。さらに追加アクションで、「Display data in group /popup」を選択し、「Data to display」を「Current Page User」とします。

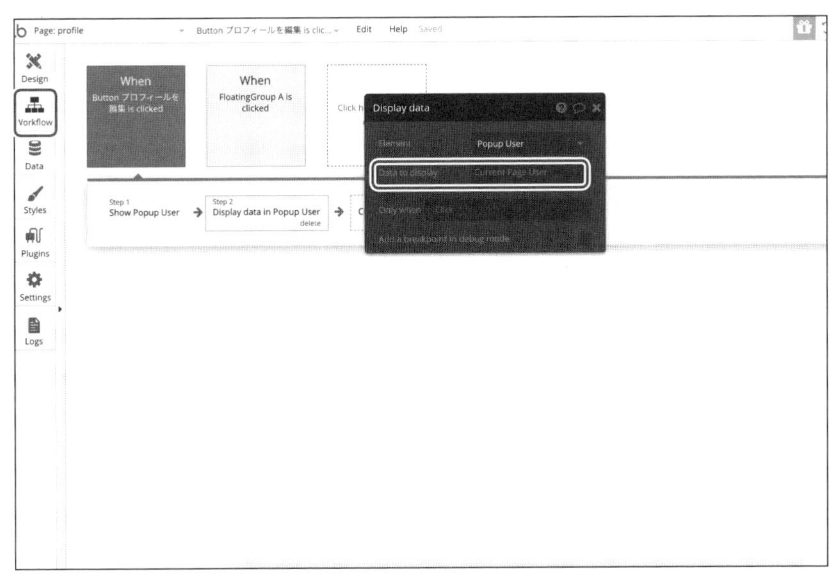

「Display data」アクションは、ページ遷移と同様に対象のエレメントがデータの型を保有している場合には必要になります。

では、「Design」タブに戻り、編集したい情報のためのインプットを配置していきます。まずは下図のように「Picture Uploader」を配置します。この際、「Dynamic image」を「Parent group User's profile_image」と設定します。ここは先述したインプットエレメントの「Initinal content」に該当する箇所で、すでにユーザーの画像がデータに保存されている場合はそのデータが表示されます。そして今回初めて出てきた「Parent User's」という表現ですが、これは「Picture Uploader」の親要素である「Popup」がデータを所有しているのでそのデータ(今回は現在のページのユーザーデータ)を参照して、そのでユーザーのfieldを参照する。という表現になっています。この「Parent～～」という表現は「Popup」に限らず、「Group」の中にあるエレメントであれば1つ上の親階層のデータを引き継ぐ際に使用できます。

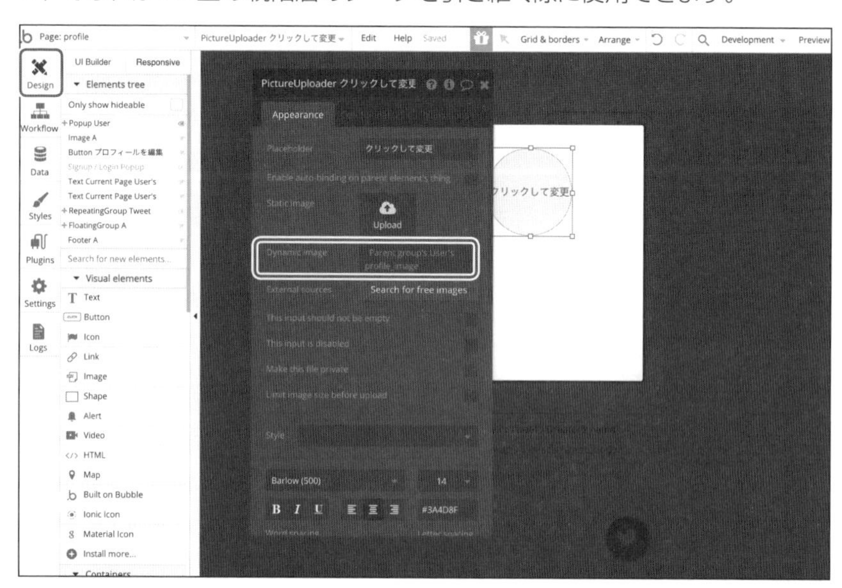

次に名前を変更するための「Input」(ノーマル)を設置し、「Placeholder」は「ユーザー名を入力」、「Initial content」を「Parent Group User's name」と指定し、「Content format」は「Input」の値と紐付けるデータfieldの「type」を選択します。今回は「name」という「text」型なので「Text」です。「This input Should not be empty」をONにすることで、「Input」を空の状態で保存できなくなります。

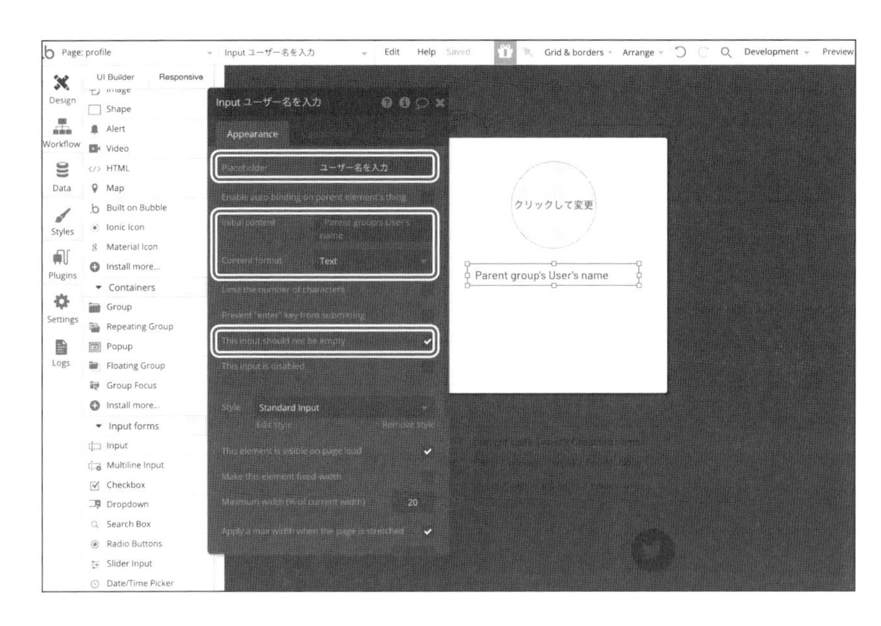

同様にプロフィール文に対するインプットを、「MultipleInput」を使用して(文字数制限160字に)設置します。

最後に下図のように保存ボタンを設置し、編集したデータをデータベースに反映します。

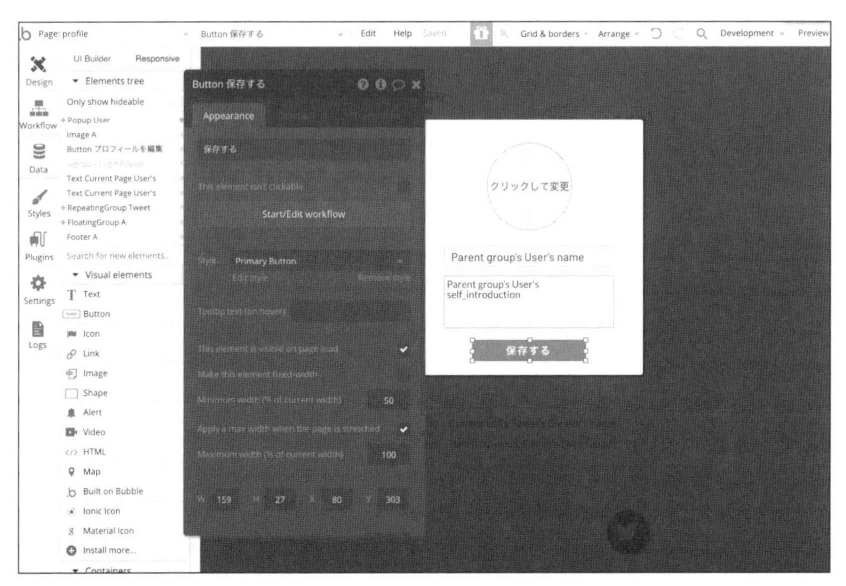

257ページで紹介したように、1つのデータへの変更を行うので「make changes to thing」のアクションを使用します。設定は下図のように、変更を行う対象であるユーザーを「Thing to change」から指定をし、「Change another field」をクリックすることで変更するfieldの指定および変更後の値をそれぞれ設定します。

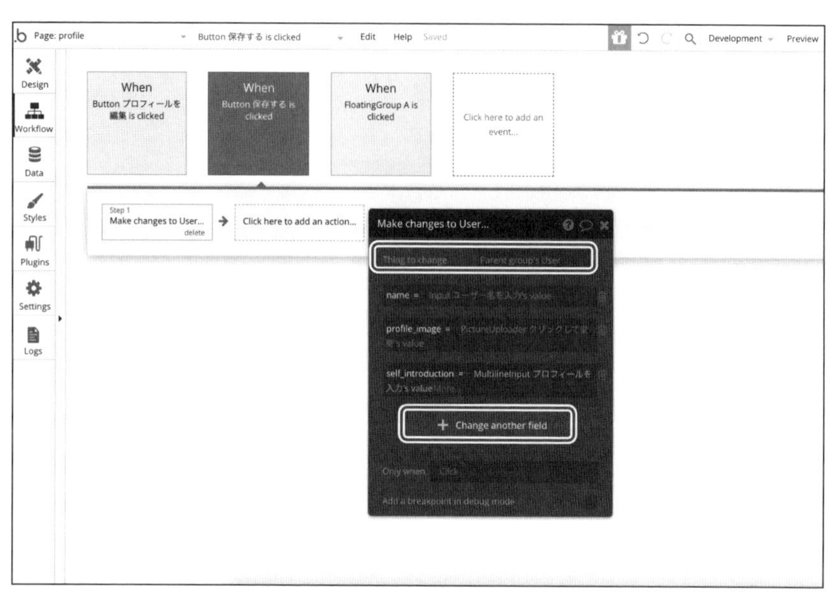

ユーザー情報が変更できました。
本書でのTwitterクローンの解説は以上です。

一般公開の設定

では、この状態で一般公開の設定に変更します。これまでのプレビューのリンクは、あくまで開発環境用のURLとなっており、URLに「/version-test/」という文字列が含まれていました。Bubbleでは、開発環境用と実際に運用する環境ではURLが異なり、中身も別のものとなります。

ここからは開発側から本番への反映の処理を紹介します。この作業をデプロイ(Deploy)といいます。なお、この処理は有料プランでしか対応していないので注意してください。

下図のように右上の「Development」と書かれたタブをクリックし、「Deploy current version to live」をクリックします。

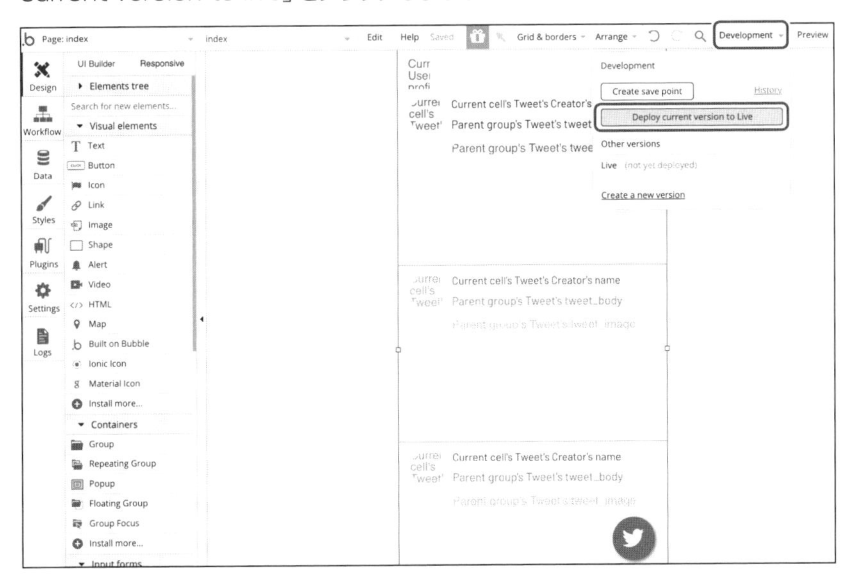

すると、今回デプロイするバージョンの名前を記入するので、わかりやすい名前を入力して「Deploy」ボタンをクリックします。

以上で、開発環境でアップデートした際などに本番環境に反映されます。逆にデプロイを行わない限り、開発環境での変更は本番には反映されないので、サービスを運用している途中に修正をしても実際のユーザーに影響を与えることはありません。

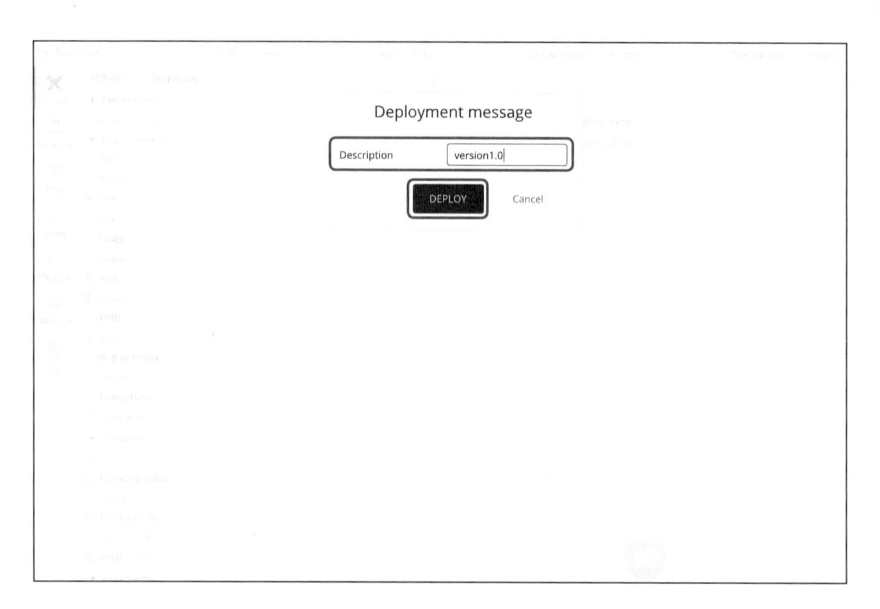

これまでプレビューで見ていたURLには「/version-test/」という文字列が含まれていましたが、本番ではそれがない状態のURLが適応されます。SNSなどでシェアする際は、そちらを紹介しましょう。

SNSで紹介する際は、「#毎日ノーコード #基礎から学ぶノーコード開発」とハッシュタグを付けてURLをシェアしていただけると、皆さんが作成したアプリを見に行きます！　また、見落としの内容に「@nocoder_k」というメンションを付けてツイートしていただけるとありがたいです。

この他にもメッセージ機能、いいね機能、リツイート、複数写真投稿、予約投稿、コメント機能など、さまざまな機能をBubbleで実装していくことが可能です。

今後、独自でそれらの機能を作成していく上で参考になる学習方法について次節では紹介します。

Bubbleを学習する上でのおすすめの教材・環境

本書籍で紹介したノウハウは、入門書ということで少し簡略化した説明になっています。ノーコードに関わる情報はプログラミングと比較してもまだまだ非常に少ないのが現状です。そこで、気軽に質問できる場、教材を紹介します。

Bubble公式フォーラム

フォーラムとは、誰もが書き込みができて自由に質問ができる掲示板のようなものです。Bubbleの公式が運営をしており、世界中のエンジニアの議論を無料で見ることができ、自分も気軽に質問することができます。ただし、すべて英語です。

Zeroqode

ZeroqodeはBubbleと提携してハイクオリティのテンプレートやプラグインを開発している会社です。テンプレートの他にも豊富なBubbleの教材が数多く販売されています。こちらもすべて英語です。

この他にも日本ではノーコード専門のオンラインサロンが複数あり、Twitterなどでも「ノーコード Bubble」などで検索するとネット上より活発にリアルタイムの情報が収集できます。

筆者も普段からBubbleに特化した情報発信を行っており、この記事では紹介できなかったものなどを含め、リアルタイムな最新情報をTwitterにて共有しております。下記からぜひフォローをお待ちしております。

URL https://twitter.com/NoCoder_K

APPENDIX

執筆メンバーによる座談会

SECTION 37

執筆メンバーによる座談会

ここではNoCodeの界隈で活躍されている本書籍の執筆メンバーの皆さんから、NoCodeについてのさまざまな話を実体験ベースで聞きました。この座談会を本編と併せてご覧いただけますと、書籍全体をまた違った目線から見られてより楽しめるかと思います。

NoCode Ninja(森岡 修一)

NoCodeエバンジェリスト。日本初のNoCode専門オンラインサロン【NoCodeCamp】を宮崎翼氏と運営。CHAPTER-1の執筆を担当。

宮崎 翼

合同会社NoCodeCamp代表。日本初のNoCode専門オンラインサロン【NoCode Camp】をNoCode Ninjaと運営中。

藤田 曜子

NoCodeCamp公認Glideエキスパート。第2回NoCodeCampコンテストにてGlideで作成したアプリ【コルクナー】が優勝。CHAPTER-2の執筆を担当。

近藤 由梨

NoCodeCamp&Adalo本社公式Adaloエキスパート。第1回NoCodeCampコンテストで1位獲得。CHAPTER-3の執筆を担当

林 駿甫

NoCodeCamp公認Adaloエキスパート。Shopifyにも精通しており、動画コンテンツを含めたさまざまな発信活動を展開中。CHAPTER-3の執筆を担当。

中田 圭太郎

NoCodeCamp公認Bubbleエキスパート。Bubble専門エンジニア。コードを書かないCTO/Bubble Japan Communityメンバー。CHAPTER-4の執筆を担当。

NoCodeのいいところは?

<Ninja>それでは、早速参りましょう。まずは、NoCodeを実際に使って役に立ったところ。こちらを聞いてみたいと思います。

<藤田> 何と言ってもやはり、NoCodeは直感的に素早くアプリが作れるところが良いですよね。通常のコーディングだと半年かかるものが、わずか3日という例もあります。実際Glideでの作成は最短3時間というスピード感がありますので、やはり魅力的です。

<Ninja>早い、というのはやっぱり価値ですよね。

<林> 自分の場合は、NoCodeに触るまでアプリなどを作ったことがなかったんです。それでも、触ってみようと思える敷居の低さがとても自分に合っていました。

<Ninja>作るきっかけになりやすいところがとても良いですよね。同じAdalo Campの由梨さんも近い感じでしたか?

<近藤> 私の場合はNoCodeを軸にしていろいろな知見が深まっていった感じです。興味も広がったおかげで、いろいろなことに挑戦したい気持ちが強くなりました。コードを書かないだけで、アプリを作るという点はまったく同じですから。構築に対して逆に俯瞰的に見ることが出来たと今も感じています。

<Ninja>由梨さんは学習が進むにつれてどんどん熱量が深まっていく感じがしっかり伝わってきていました。続いて圭太郎さんどうでしょう。」

<中田> 皆さん的を射た表現ばかりなので僕は喋ることなくなってくるんですけど(笑)。つまづくポイントがコーディングに比べて圧倒的に少ない点ですね。スピーディにできていく流れが単純に楽しいですし、アイディアをすぐに形にできるところがより直感的。

<Ninja>先に良いところ皆さんに出されちゃいましたね(笑)。とはいえやはり、【楽しい】と感じやすいのは大きいですね。それでは、翼さんは。

<宮崎> 世間的にもようやくNoCodeという言葉が浸透してきたので、お仕事で話をしてもすぐに通じやすくなりました。そうすると打ち合わせの現場で実際に触りながらの説明ができたり、実際の意見を取り入れながらその場で仕上げていくというコミュニケーションツールとしての使い方ができるようになってきたところがあります。これは思った以上に大きく、お互いにとってより齟齬のない形で進めていけるところが良いなと感じますね。

<Ninja>そうですね、「ただ作る」という以上に、よりコミュニケーションが円滑になるというのは、皆にとって良い話でうれしい限りです。個人的には、アプリ開発をやってみるという入り口がとても開かれて敷居が下がったと感じるようになりました。実際に「やってみよう!」と同じ志の方々が集まったオンラインサロンがNoCodeCampなのですが、やはり参入障壁の低さがきっかけになった方もいるかと思います。そしてそこからメキメキとスキルを身に付けた皆さんが、どんどんと活躍されています。

NoCodeの不便なところは?

<Ninja>では、逆に不便に感じたところなどはいかがでしょうか?

<藤田> やはり細かい仕様や複雑な機能を実装するのは難しいです。アイディアを広げ過ぎてしまうと、実際に構築するときに壁に当たってしまいやすい。

<Ninja>過度に夢を見るのは良くないということですね。駿甫さんはいかがでしょうか?」

<林> やはりNoCodeツール自体がまだまだ発展途上なところですね。自分がAdaloを始めたころも(2020年4月)、現在以上に不思議なバグやエラーが多発していました。自分が間違えているのか、Adalo側の問題なのかわからないという(笑)。通称【Adaloの罠】。

<一同>　（笑）

<近藤>　Adaloの罠には、本当に困りましたね（笑）。「私は間違ってない!」とか（笑）。

<林>　慣れてくると段々気づいてくるんですよ、「これは俺じゃないAdaloの罠だ!」って（笑）。

<Ninja>段々と適応力がついてきてカンも養われるんですね。Adaloの罠は、日本NoCoder達の中では有名ですね（笑）。

<林>　今日は機嫌が悪いな、とか思うようになりましたよ。あとはツールのアップデート前に罠が出てくることが多い、という傾向もつかめたり。

<近藤>　GlideやBubbleと比べるとAdaloは新しいツールなので仕方がないんですけどね。それでも好きだぞ、Adalo !!

<一同>　愛がすごい（笑）。

※なお、Adaloの罠については最近安定してきています。

<Ninja>続いて、圭太郎さんはいかがですか?

<中田>　普段はほとんどBubbleのみを使っているのですが、ツール独特のクセが見られる点ですね。検索機能がやや弱いなど、こちら側の裁量ではどうしようもない問題が出ることはあります。そのクセをきちんと把握して状況に応じて使い分けながら作って行く必要がありますね。そのぶん、応用力適応力は身につきますが（笑）。そしてその辺りの情報を皆さんに知ってもらいたくて発信を繰り返すと、いつの間にかTwitterのBubble関連のツイートがほとんど自分だけで埋まってしまったり（笑）。

<Ninja>なるほど（笑）。しかしさすがBubble、特有の不便さはさほどなさそうですね。

<中田>　はい、Bubbleの罠はないですね（笑）。

<一同>　（笑）

<近藤>　でもねー、Adaloは検索困りませんよ!!

<Ninja>ちょっと!　ツール愛炸裂してますよ（笑）！

<宮崎>　じゃぁこの辺りで、私のターンを挟みます（笑）。NoCodeの場合は作れる範囲というのが決まっていて、「ここまでできる!」というのが事例の少なさもあってなかなか決めにくいのは実情ですね。結局、1つひとつ検証しなきゃわからない。

<Ninja>イメージしていることが100%再現できないときというのは、確かにありますね。実際お客様からの要望を実装するのに「できない」というリスクは充分に考慮しなくてはなりません。そこの判別はどうしても個人ではなかなか難しく、コミュニティやメンターを上手に活用するのが効果的です。営業トークになってしまいました（笑）。

NoCodeで苦労したことは?

<Ninja>それでは続いて、NoCodeを触っていて苦労した話。曜子さんもいろいろな苦労はあったかと思います。

<藤田>　ツール自体のアップデートが頻繁!　どんどん進化していくのは喜ばしいことですけど、ついていくのに苦労します（笑）。そして今回の書籍の裏話ですが、一度写真を撮ったあとにアップデートがあって全部撮り直しになったり……。

<Ninja>うれしい悩みというと簡単ですけど、大変でしたね……。続いて、駿甫さんはいかがですか?

<林>　日本への対応が少ないツールが多い点ですね。たとえば、【決済100倍返し事件】には苦労しました。日本円の設定にしているはずが、入力した数字が100倍されてしまうトラブルが起きたんです。1000円が10万円になって請求されるというトラブルが実際に起きました。それ以来、決済になかなか手を出せない(笑)。

<Ninja>わ、笑えない……。考えただけでも恐ろしいですね。由梨さんは?

<近藤>　ドキュメント(説明書き)がすべて英語のツールがほとんどなので、情報を取ってくるのに苦労しましたね。知識がないと検索ワードすらわからないので、調べるのにも一苦労。少し前に【YouTube Memo】というサービスを作ったんですが、無形のものを売るという仕様が今のAdaloだと実現できず、リリースを断念しました。

<Ninja>これはまた、いたたまれませんね。そんな結末とは!　皆さん本当に苦労されてる。では、圭太郎さんは?

<中田>　決済周りなどに多いのですけど、リリースするときに法律面を気を付けないといけないこと。決して違法なサービスをリリースしたわけではないんですが(笑)。これはNoCode特有の問題ではないものの、思った以上に気を付けないといけないポイントですので、皆さんもご注意です。

<Ninja>これは確かに!　NoCodeだといろいろな界隈の方がサービスを数多くリリースするでしょうから、きちんと調べておかないとのちに大変な事になるかもしれませんね。翼さんは?

<宮崎>　NoCodeでのサービス事例がまだまだ少ないというところがある!　まだまだこれからの段階ですからね。あとは、公式のドキュメント自体が間違ってたり(笑)。

<近藤>　それ言わないで!!(Adalo…)

<一同>　(笑)

<宮崎>　おかげでメンタル強くなります。「俺は正しい!」と思って作る!

<Ninja>鍛えられた感(笑)。エラー周りなどを調べてもなかなかわからない点は、今ご覧になっているNoCoderの皆さんもご経験があることだと思います。とはいえ、かえって英語力がついたという話もよく聞くので一石二鳥かも?

<一同>　確かに。。

どうやってNoCodeを学習した?

<Ninja>ではでは続いて、皆さんがどうやってNoCodeを学習したかについて。曜子さんいかがでしょうか。

<藤田>　先ほども話に出てたんですけど、私が学び始めた時のNoCodeはほぼ英語情報のみでした。海外サイトを漁っていくしかなくて。何とか解決しながら進めていこうとするんですが、私はエンジニアではないところもあってどうしても一人だとつまづいたときに解決の糸口が見えなくなってしまうんですね。そこでオンラインサロン【NoCodeCamp】に出会いました。ちょうどNoCodeCamp発足のタイミングだったのでラッキーでしたね(笑)。そしてコミュニティでは、聞きたいことがすぐに聞ける安心感があります。「できた!」と報告すれば周りからのフィードバックもらえて、モチベーションを保てます。

<Ninja>そうですね、NoCodeCamp発足初日に入ってくださったのをよく覚えています。そこから効率よく学習が進められていった、ということですね。一人ではやりきれないところを上手くカバーしながら学べるのは大きい。駿甫さんはいかがでしょうか。

<林> 自分はNoCodeの入り口と、NoCodeCampの入会が同時だったんですが、NoCodeがまだ黎明期なのもあって皆で一緒にスタートしている感がとても良かったですね。情報を皆で集めて皆で意見交換して知見を共有する。NoCodeはツール情報のキャッチアップもとても重要なので、これは大きかったです。

<Ninja>今の駿甫さんの爆速開発の秘訣は、「①自分で手を動かす」「②皆とコミュニケーションする」の2つをメリハリつけてやる点なのかなと見えます。

<林> そうですね、基本的には自分でやらないといけない。でも、できないところを迷わずに捌けるのは情報があってこそ。モチベーションアップと情報のキャッチアップがしっかりできれば、どんどん手は動かせます。

<Ninja>理にかなっているなぁ、爆速の裏付けがしっかりしていて説得力があります。由梨さんはいかがですか?

<近藤> わたしはAdaloをまず一人で始めてみたんですけど、最初は思うようなスピード感が出ませんでした。誰かとコミュニケーションをしながら解決していく方が効率が良いなぁとはっきり実感できたのは、やはりNoCodeCampに入ってからでしたね。情報ひとつを取るにしても違う人からの目線があると、自分の前提をハックすることができる。そうなると同じ情報でもまったく違った意味と価値を見い出せます。

<Ninja>由梨さんの質問、回答、質問のラリーはまさにコミュニケーションですよね。一方通行でないところがまたイイ。

<林> 1つの質問に毎回、何十件とラリーしてました(笑)。

<近藤> NoCodeっていう共通の好きなものがあるおかげで、コミュニケーションも盛り上がれます。

<Ninja>部活のような同じ方向に向かって進む強さが伝わってきます。では、圭太郎さんは?

<中田> NoCodeツールって試さないといけない機能がとてもたくさんあるんですけど、自分ひとりじゃなかなか進んで試さない。ところがお仕事案件を請けるとなると、必要になってやるしかなくなりますよね。そのときになってうまく検証に成功すればよいのですが、準備もないしリスキーです。そこを「上手に準備するためには?」と考え、NoCodeCampの質問チャンネルで回答側に回ってとにかく回答を繰り返すことに着目しました。そうすると皆のつまづきポイントや自分じゃ考えないようなアイディアが見られ、実際の案件での需要もわかってくる。結果、驚くほどのスキルアップに繋がります。

<Ninja>なるほど。人それぞれの目線の違いから来るアイディアや実装方法があり、それぞれの前提の違いも知ることができる。学習をぶつけ合えるのはクリエイティブが強いなぁと。そしてアウトプットの状況を自ら作りに行くのも、圭太郎さんらしくて良いなぁ。ではでは、翼さんは?

<宮崎> 自分は運営側ですけど、圭太郎さんのように皆さんの質問を通じたアウトプットにひたすら答えていくうちに自然と力がついたのを実感しています。とにかく答え続けてた(笑)。

<Ninja>運営2人でずっと稼働し続けてますもんね(笑)。

<宮崎> 来た玉を打つ!!

<Ninja>シンプルに、百戦錬磨を作っていくのがスキルアップの秘訣ですね。ポイントは、「①自分で手を動かして作る」「②学習のきっかけを自ら作る」「③ひたすら反復する」「④コミュニケーションをしっかり取って情報収集&モチベーションを維持」。このサイクルが学習において非常に強いなぁと感じました。

<藤田> ちなみに学習に疲れたときは、深夜のよーこサロン(毎日23時~25時で開催しているオンラインサロン)!!

<Ninja>ストイックに宣伝しております(笑)。

NoCodeに関するプロジェクトなど

<Ninja>そんな曜子さん、今他にもNoCodeでやろうとしているプロジェクトがあると聞いてますが。

<藤田> はい、今回の書籍のGlideの章でご紹介した『各地名の避難所マップ』というWebアプリです。書籍本編に書いておりますが、書き換えるだけで全国どこでも地域ごとの避難所マップを作ることができます。同じフォーマットで応用が利くので、各地域で役に立つアプリとしてお使いいただけます。

<Ninja>なるほど~、地域貢献にとても役に立ちそうなアプリですね。

<宮崎> そして私から。あいホームという宮城県の不動産会社があるのですが、そちらのプロジェクトで【不動産の内見アプリ】をNoCodeCampで受注しました。サロン内のBubbleエキスパートである、あぽとさんが構築を担当したのですが、360度カメラを使ってアプリ内で物件を内見できるアプリに仕上がりました。とても良いできとのことで喜んでいただけましたね。

<Ninja>NoCodeとは思えない機能的なサービスですね。駿甫さんは?

<林&近藤> AdaloCamp !!

<Ninja>同時だ(笑)。

<林> Adaloはとても良いNoCodeツールですが、海外からの情報しかなかったので英語に苦労する人は多いと思い、立ち上げました。「皆でAdaloを触っていって、どんどんユーザーを増やしていこうよ!」というコンセプトで立ち上げたものです。NoCodeCampの中から立ち上がったのもあって、名前もそのままAdaloCampにしました。同じくAdaloを愛する由梨さんと共同で運営しています。

<近藤> AdaloCampを立ち上げたのもあってか、今はAdaloを使う人が本当に増えました。最初は誰もいなくて寂しかった(笑)。やっぱりいろいろな人が使ってると、楽しいですね。そしてAdaloは他のNoCodeツールと比べても日本向きというか、海外っぽくなりにくくマッチしやすいんですよね。スタイリッシュでかわいい。Adalo、もっと広めたい。とてもおすすめです。

<Ninja>やはりAdalo愛(笑)。圭太郎さんはどうでしょうか。

<中田> NoCodeの開発をする会社を作りました! 合同会社Evlickです。NoCodeのおかげで、サロンに入ったおかげで、会社を持つまでになれました。感謝しかありませんよ。受託開発を初めとして、これから事業展開していきます。

<Ninja>楽しみですね！　サロンを通じてNoCodeを学び、人脈を持ち、仕事を請けるようになり、会社まで設立された。めちゃくちゃサクセスストーリーじゃぁないですか(笑)。これからを本当に応援しています。

<宮崎>　あとは、NoCodeCamp杯もありましたね。学生限定のNoCodeハッカソン(アプリ開発コンペ)を開催しました。2カ月間の期間中、学生なら無料で参加できて全国オンラインで学び、マネタイズまでをサポート。期間中はNoCodeCampサロンも無料招待。優勝や特別賞を含めた賞金総額は17万円。NoCode界で著名な方々も協力者さまとしてお招きして、学生さんのクリエイティブな作品がたくさん生まれました。」

<Ninja>ですね、結果的にいろいろな人たちとのご縁が生まれました。資金はクラウドファンディングをして合計80万8,000円をご支援いただき、リターンとしてNoCodeCampでアプリ作成。そこから繋がったご縁は、今も続いています。このプロジェクトの発起人は実は曜子さんですしね。

<藤田>　何気ない深夜の雑談からはじまりました(笑)。プロジェクトは、人と話すことで突然生まれたりしますね。

<宮崎>　そんな感じで、公開、非公開を含めていろいろなプロジェクトが生まれました。NoCodeの盛り上がり、まだまだこれからですね。

<Ninja>いやぁ、おもしろい。

お気に入りのNoCodeツールは？

<Ninja>それではここで、今お気に入りのNoCodeツールは？

<藤田>　Scrmbl.！　国産ツールでとてもキレイにWebページが作れる良いツールなんです。まだ使ったことのない方はぜひチェックしてみてください。お仕事案件もScrmbl.で納品したくらい、魅力的なんですよ。みんな、もっと使って(笑)。

<林>　Webflowが好きです！　かなりいろいろなことができて楽しい。Adaloに比べて難しいんですけど、その分、表現の幅も広くて。少しずつできるようになっているのが今は楽しいですね。

<近藤>　実は私もWebflowは触ってます。若干できるくらいですけど……。Pory、Dorik、Airtableなど、いろいろと触りました。でも、やっぱりAdalo最高。

<Ninja>Adaloに就職しそう(笑)。

<中田>　ちなみに自分は…おすすめツールがありません(笑)。

<一同>　えっ!?

<中田>　Bubble一筋です。Bubble特化エンジニアとして生きてます。

<宮崎>　いや、Evlick(先述の圭太郎さんの会社)の公式サイトをWebflowで作ってるじゃないですか(笑)！　そこBubbleじゃないんですか(笑)！

<一同>　思った(笑)。

<Ninja>まぁ、Webflowもとっても良いツールだよということで……(笑)。

<宮崎>　私はやっぱり、Airtableですよ!!

<Ninja>やっぱり(笑)。「Airtableを制する者は、NoCodeを制する!」ですね。

<宮崎> NoCodeかそうでないかを超えて、やっぱりデータですね。まずはデータ管理をしっかりしつつ、そこから見た目をどのように見せるか。ここは崩せないです。このデータ管理がNoCodeツールでも十分可能なのですから、しっかりやっていきましょう。

<Ninja>NoCodeCampでも、最初から徹底してデータ管理をやっていましたからね。翼さんのおかげです。ちなみに私はなんだかんだGlide。NoCodeの有名サービス事例を見てみると、Glideによるものがとても多いんですよね。稲城市のテイクアウトアプリ『いなぎお弁当マップ』(5000ユーザー)、明治大学の学生のためのアプリ『Mei-Mei』(16万PV)、そして曜子さんのお酒と料理のマッチングアプリ「コルクナー」も1000ユーザーを超えています。最短数時間で作れるスピード感があるので、災害などにも強い。人と人とを最もマッチングさせやすいツールですし、社会貢献にもつながりやすい。1人1アプリの時代が来るとしたら、その筆頭ですよね。

NoCodeがどんな層で活用されるか?

<Ninja>続いて、NoCodeがどんな層で活用されるかについて。

<藤田> 経営者やスタートアップの起業家など、エンジニアでない方に凄く恩恵があると感じています。一昔前のパワーポイントのようなツールに比べ、アプリなどが台頭してきました。よりわかりやすくビジョンを伝えることができる、コミュニケーションツールという解釈ができます。そしてサービスローンチしてからの資金調達だったり仲間集めもできちゃう。結果、良いものがより多くの人に共感してもらえますね。

<Ninja>確かに、説得力ありますよね。「自分はこれがやりたいんだ!」がそのまま見せられるんですから、本当に良い時代になりました。コーディングでやろうとすると、エンジニアを雇うだけでなく最初の環境構築だけで一苦労ですから。

<林> 幅広い層に響きますよね。これからは誰でも1人1つのアプリを持つ流れが来ると感じています。遠足のしおりのようにNoCodeで作る。今までプログラミングに挫折してしまった方でも、入り口がとても身近に感じるのではないでしょうか。

<近藤> それは私も感じるところです。小さいコミュニティの中で、役に立つアプリがすぐにできる。スピードの速さによって今のアプリの概念よりももっと手軽になるといいですよね。

<中田> あとは、脱引きこもり。より社会に出て貢献できるシチェーションが増えるのではないでしょうか。DEKAKERU(由梨さんのアプリ)もありますしね(笑)。

<一同> (笑)

<中田> そして学生さん。アイディアと時間はあるけどお金はないという方が、アプリを作って世間にアプローチできる。小学生もアプリを作って世の中に出る時代に。

<Ninja>間違いない。【ノーコードネイティブ】の時代も来ると考えられますね。

<宮崎> NoCodeって、ITスキルの延長だと捉えています。テクノロジーについて学んでいると、どこかでNoCodeを使うことになる。Excelから始まり、Airtableを使うこともあるでしょう。そして、これらを生かしつつ恩恵を受けられるのは、やっぱりスタートアップの業界。この界隈の人々は本当に一日一日の密度の濃さとスピード感で生きているので、NoCodeは刺さりやすい環境にあるのだと思います。

<Ninja> なるほど。そして大企業でも社内ベンチャーを立ち上げてNoCodeで、という流れは良く聞きますね。スピード感を持って進むのにいろいろと難しい問題を抱えている大企業などの風穴を開ける存在となり、それぞれが持つ問題を少しずつ解決していくのだとしたら、将来的に日本の未来を明るくしていくところまで進んでいくのかもしれません。とてもワクワクします(笑)。

これからNoCodeをはじめようと思っている方々へメッセージ

<藤田> 書籍のGlideの章についてはより機能を細かく書きたかったのですが、まずはすぐに動くアプリが作れるように、というところにフォーカスしてまとめました。NoCodeの良いところはやはりスピード感だと感じるので、まずは触ってみて楽しんでみてください。そしてNoCodeCampのようなコミュニティを上手に活用すると、学びの楽しさと深さをしっかりと感じることができます。質問があればいつでもお待ちしています。

<林> あまり深く考えずに触れるのがNoCodeの良いところです。「とりあえずやってみよう!」がやはり良いと感じます。その気持ちがあれば思ったよりサクッとできちゃいますし、どんどん数も多く作れる。数を作れば結果的に、スキルアップとなります。今回の書籍ではAdaloでの入り口の部分をフォーカスして、そこをサクッとクリアできるように仕上げました。そこから手を動かして、より深い部分に一緒に進みましょう!

<近藤> まずは自分が作りたいアプリ、を考えてみましょう。そしてそれをできるだけシンプルなものにしてみます。最低限の形から、「どのツールにすればいいだろう?」と進めていくと、楽しく効率的に進められるのではないでしょうか。基本から応用、となる中でのまずは基本、の部分を書籍にまとめましたので、ここを押さえておくと応用へと進みやすいかと思います。まずはこの書籍で、しっかりと基本を学んでいただけたらうれしいです。

<中田> NoCodeを楽しんでもらいたいな、という思いです。自分自身がそうだったんですが、頭の中のイメージがより直結してカタチになっていくのがとても楽しかったですし、その熱量が今も続いています。Bubbleは確かに難しいですが、楽しさが原動力になって結果的にスキルアップに進んでいくのはとてもヘルシーな状態です。その思いは今回の書籍にも込めましたので、楽しみながら読んで学んでいただけるとうれしいです。

<宮崎> 一言で言うと、「作りたいアプリを決めましょう!」ということです。クオリティにこだわらなければ、どのツールでもやりたいことはNoCodeで実現できます。作りたいアプリをしっかり決めて、根気よく調べたりトライ&エラーを繰り返して、わからないことは誰かに聞く。それがNoCodeCampだと効率よく進められます。とはいえどんな形でもとにかく決めてやり切ることが重要だと思いますので、ぜひチャレンジしてみてください。

<Ninja>皆さんの身の周りに誰か困っている人がいたり、ちょっとしたアイディアで改善できること。実はたくさんあることと思います。そこにこそNoCodeで解決できる多くのヒントが落ちています。誰もが1つ以上は持つその独自のアイディアを、まずは1つカタチにしてみましょう。ただし、世の中には星の数ほどWebサービスがありますので、類似したものはすでに存在する可能性が高いです。ならば、まずはそれを徹底的に模倣してみましょう。すると、改善点も見えてきますのでそこから自分の独自サービスへと昇華させていく。「歴史から学ぶ」は、やはりとても良い学習方法です。上手に先人たちの知恵を借りながら、独自の価値を生んでいきましょう。そのために、包括的な学習をサポートできるNoCodeCampというオンラインサロンを立ち上げました。多くのNoCoderの皆さんで毎日賑わっていますので、ぜひご利用いただければ幸いです。一緒に、学習していきましょう!　それでは、本日はどうもありがとうございました。

<一同>　ありがとうございましたー。

おわりに

ここまでご覧になっていかがだったでしょうか。NoCodeは、まだまだ新しい技術です。賛否両論あることでしょう。世の中をすべて変えるということはさすがに時期尚早です。しかし、これを生かすヒントは、我々自身にあります。

NoCodeがこれまでのITをすべて覆すことはなくとも、かつてないようなスピードやコスト面の見直しができることは間違いありません。そしてNoCodeが世の中に貢献できるポイントは思った以上にたくさんあり、それは創造性によって無限大に広がります。今それを問われているフェーズなのかもしれません。

これまでの日本のIT事情を見直し、そしてこれからどのように進むべきか。世界から見て、日本は今かなり水をあけられている実情なのは否定しようもありません。にもかかわらず、なかなか重い腰を上げることがありませんでした。それを引っ張りに引っ張って、現在を迎えています。結果、日本の今はどうなっていますか。そんな日本の状況など関係もなく、世界は進んでいきます。「ITの最適化」が充分に成熟した結果、NoCodeとなって我々の前に出現したのです。今動かずに、いつ動くのでしょうか。リスクもあるかもしれない。将来に保証などないのかもしれない。そんなことはわかりきっています。

その上で、何をするか。何ができるか。少なくとも、そのスタートラインに立たなくてはなりません。まずはしっかり、触ってみてください。そして触った一人ひとりそれぞれが、自分自身に問うてみてください。そこに、答えを探してみましょう。NoCodeは、写し鏡かもしれません。

最後に、ここまで関わってくださった皆さま。どうもありがとうございました。オンラインサロン【NoCodeCamp】は、この無限の可能性を秘めたNoCodeをより最適化させるべく、日夜学習と拡大に邁進しています。本書をご覧になって共感いただいた方、ぜひご入会をお待ちしております。

URL https://lounge.dmm.com/detail/2549/ 

NoCodeでできること、できないこと。やるべきこと、やらなくていいこと。いろいろな可能性に対して、公平でありたい。それらを一つひとつ消化しながら、やがて大きなものに変えていきたい。そこに余念がないメンバーが集まっています。

今はまだ、NoCodeは新興勢力です。NoCode自体の将来性はありますが、結局は未来のこと。どうなるかはわかりません。ただ本書を通じて、「いちど触ってみよう」「作りたいものを作ってみよう」というきっかけになるのであれば、これ以上の喜びはありません。

無限の可能性を、現実のカタチに。一つでも多くそれが増え続けるような未来が待っていることを願って、本書を締めくくりたいと思います。あなたも今日から、NoCodeに触ってみませんか？

合同会社NoCodeCamp
NoCode Ninja（森岡 修一）

索引
INDEX

A

B

C

D

E

F

G

H

I

L

M

N

O

P

R

S

た行

な行

は行

ま行

ら行

■著者紹介

NoCode Ninja（森岡 修一）
（ノーコード ニンジャ　もりおか しゅういち）

NoCodeエバンジェリスト。
日本初のNoCode専門オンラインサロン【NoCodeCamp】を宮崎翼氏と運営。月額5000円のサロンにもかかわらず運営開始わずか5カ月で会員数200人を突破し、DMMオンラインサロンにおける人気サロンの仲間入りを果たす。NoCode専門の月額コミュニティとしての売り上げは最大手Makerpad（ロンドン）に次ぐ世界2位。
Twitter、note、YouTubeなどでNoCodeの有益情報を発信中。note記事【プログラミング不要のNoCode（ノーコード）とは?どうやって学習するの?】は10万PVを突破し、「NoCode（ノーコード）」の検索ワード1位を現在も保ち続ける人気記事となる。
NoCodeCampとしての受託開発やイベント開催、インタビューやオンライン授業、メディア出演など多方面で活躍中。

Twitter : https://twitter.com/nocodejp
note : https://note.com/nocodeninja
YouTube : https://www.youtube.com/channel/UCZg4yOkPlfbSc3f6FVS1x_g
オンラインサロン【NoCodeCamp】: https://lounge.dmm.com/detail/2549/

宮崎 翼
（みやざき つばさ）

合同会社NoCodeCamp代表。日本初のNoCode専門オンラインサロン【NoCodeCamp】をNoCode Ninjaと運営中。
国立工業高専卒業（新居浜工業高等専門学校）。NoCode×カスタマーサクセスマネージャー。
セールス→構築管理運用まで全体プロジェクト管理や、ITに関するイベント集客/法人営業、エンタープライズのIT導入を担当（B2B）。

Twitter : https://twitter.com/tsubasatwi
note : https://note.com/tsubasatwi
プロフィール : http://tsubasa.tech/about
イベント・コミュニティ活動実績
CoderDojo稲城（こどものためのプログラミングサークル）:
https://coderdojo-inagi.doorkeeper.jp/

ふじた ようこ
藤田 曜子

NoCodeCamp公認Glideエキスパート。岡山大学法学部卒。
第2回NoCodeCampコンテストにてGlideで作成したアプリ【コルクナー】が優勝。
日々 GlideやNoCodeの知見をSNSやブログなどで発信。アプリ製作・Webサービス製作・動画制作・Lineステップメール構築などで『伝統・文化・芸術・教育・地方創生』に貢献。『孤独の解消・価値観の合う人と繋がれる』をテーマにした新しいSNSを開発中。
武人で茶人。

ブログ：https://yokof88.com/
Twitter：https://twitter.com/yokof_88

はやし しゅんすけ
林 駿甫

NoCodeCamp公認Adaloエキスパート。
Shopifyにも精通しており、動画コンテンツを含めたさまざまな発信活動を展開中。

Twitter : https://twitter.com/___Shunsuke____

こんどう ゆり
近藤 由梨

NoCodeCamp&Adalo本社公式Adaloエキスパート。
第1回NoCodeCampコンテストで1位獲得。一緒にお出かけしたい人を探せるマッチングアプリ「DEKAKERU」をAdaloで制作。Facebook Cloneアプリを制作し、Adalo公式「Make A Clone Challenge」で入賞。

Twitter：https://twitter.com/yuri_deKAkERU

なかた けいたろう
中田 圭太郎

NoCodeCamp公認Bubbleエキスパート。
2019年、岡山大学工学部卒業。Evlick合同会社代表。株式会社ABABA CTO。
非エンジニアからノーコードBubbleを始めて6カ月で、世界最大ノーコードコミュニティ主催コンペで日本人唯一入賞。
複数のスタートアップのエンジニアや、日本初のコードを書かないCTOとして活動。

Twitter : https://twitter.com/NoCoder_K
note : https://note.com/nocoder_k
Evlick合同会社 : https://www.evlick.com
プロフィール：https://www.resume.id/nocoder_k

編集担当 : 吉成明久 / カバーデザイン : 秋田勘助 (オフィス・エドモント)
イラスト : ©valex113 - stock.foto

基礎から学ぶ ノーコード開発

2021年3月22日　初版発行

著　者　NoCode Ninja(森岡修一)、宮崎翼、藤田陽子、林駿甫、近藤由梨、中田圭太郎

発行者　池田武人

発行所　株式会社　シーアンドアール研究所
新潟県新潟市北区西名目所 4083-6(〒950-3122)
電話　025-259-4293　FAX　025-258-2801

印刷所　株式会社　ルナテック

ISBN978-4-86354-340-9 C3055